W0255999

Teubner Studienbücher

Becker: **Technische Strömungslehre**
Eine Einführung in die Grundlagen und technischen Anwendungen
der Strömungsmechanik. 2. Auflage. 142 Seiten. DM 11,80

Becker/Piltz: **Übungen zur Technischen Strömungslehre**
120 Seiten. DM 10,80

Bourne/Kendall: **Vektoranalysis**
228 Seiten. DM 15,80

Clegg: **Variationsrechnung**
138 Seiten. DM 12,80

Collatz: **Differentialgleichungen**
Eine Einführung unter besonderer Berücksichtigung
der Anwendungen. 4. Auflage. 226 Seiten. DM 18,80

Françon: **Physik für Biologen, Chemiker und Geologen**
Band 1 208 Seiten. DM 16,80
Band 2 171 Seiten. DM 14,80

Grigorieff: **Numerik gewöhnlicher Differentialgleichungen**
Band 1 Einschrittverfahren. 202 Seiten. DM 12,80
Band 2 Mehrschrittverfahren

Heber/Weber: **Grundlagen der Quantenphysik**
Band 1 Quantenmechanik. VI, 158 Seiten. DM 12,80
Band 2 Quantenfeldtheorie. VI, 178 Seiten. DM 13,80
Vertrieb nur in der BRD und West-Berlin

Hilbert: **Grundlagen der Geometrie**
11. Auflage. VII, 271 Seiten. DM 16,80

Hotz: **Informatik: Rechenanlagen**
Struktur und Entwurf. 136 Seiten. DM 12,80

Fortsetzung 3. Umschlagseite   Preisänderungen vorbehalten

Teubner Studienbücher der Biologie

E.-F. Vangerow
Grundriß der Paläontologie

Studienbücher der Biologie

Herausgegeben von
Prof. Dr. H. Stieve, Jülich, und Dr. E. Hildebrand, Jülich

Die Studienbücher der Reihe Biologie sollen in Form einzelner Bausteine grundlegende und weiterführende Themen aus allen Gebieten der Biologie umfassen. Daneben werden auch die übrigen Naturwissenschaften in einem Maße berücksichtigt, wie sie für den Umgang mit den Denk- und Arbeitsmethoden der Biologie notwendig erscheinen. Die Bände der Reihe sind wegen ihrer studienbezogenen Konzeption besonders zum Gebrauch neben Vorlesungen oder auch anstelle von Vorlesungen sowie zur Fortbildung der Lehrer geeignet. Für den Studierenden der Mathematik, Physik oder Chemie, der an biologischen Problemen interessiert ist, bietet die Reihe die Möglichkeit, sich an exemplarisch ausgewählten Themengruppen in die Biologie einführen zu lassen.

Grundriß der Paläontologie

Von Dr. rer. nat. E.-F. Vangerow
apl. Professor an der Technischen Hochschule Aachen

1973. Mit 162 Figuren

Springer Fachmedien Wiesbaden GmbH

Prof. Dr. Ernst-Friedrich Vangerow

1915 geboren in Liegnitz (Schlesien). Studium in Breslau und
Tübingen. 1939 Promotion in Geologie. 1950 Assistent am
Institut für Geologie und Paläontologie in Aachen. 1957 Habili-
tation für Geologie und Paläontologie. Seit 1966 apl. Professor.
Arbeitsgebiet: Mikropaläontologie, z. Z. Ökologie der Forami-
niferen.

ISBN 978-3-519-03600-5   ISBN 978-3-322-94728-4 (eBook)
DOI 10.1007/978-3-322-94728-4

Vorwort der Herausgeber

Paläontologie befaßt sich mit den Lebewesen vergangener erdgeschichtlicher Epochen;
sie erforscht den Bau, die zeitliche und räumliche Verbreitung ausgestorbener Formen
und ihre Stellung im Natürlichen System der Organismen. Vom Gegenstand ihrer
Untersuchungen ist Paläontologie also ein Teilgebiet der Biologie. Sie liefert wichtige
Beiträge zur Abstammungslehre, zur Biogeographie und zur Populationsgenetik. Wesent-
liche Beweise für die Evolution, wie der Wechsel im Formenbestand, die Zunahme von
Differenzierung und Organisationshöhe sowie Übergangsformen zwischen rezenten
Gruppen, konnten nur mit Hilfe paläontologischer Funde gewonnen werden.

Obwohl sich die Paläontologie überwiegend solcher Methoden der Biologie bedient,
wie sie insbesondere in der vergleichenden Morphologie und Anatomie und in der
Systematik angewendet werden, ist sie in Forschung und Lehre doch stärker mit
Geologie als mit Biologie verbunden. Sie dient der Geologie mit den sogenannten
Leitfossilien als wichtigem Hilfsmittel zur Datierung und läßt ferner Schlüsse auf
das Klima früherer Erdperioden zu.

Dem Biologen, der gewohnt ist, seine Beobachtungen an lebendem oder wenigstens
gut konserviertem Material zu machen, ist der Zugang zu den Erkenntnissen der
Paläontologie meist schon deswegen verstellt, weil ihm die einfachsten Grundlagen
der Geologie fehlen, die für eine kritische Bewertung des fossilen Materials — insbesondere in der zeitlichen Dimension — erforderlich sind.

In diesem Buch wird nun der Versuch gemacht, eine Einführung in die Paläontologie
für Biologen zu geben und dabei nur das Minimum an Kenntnissen der geologischen
Formationen und der Fossilisierung einzuflechten, das zum Verständnis der
Paläontologie unbedingt notwendig erscheint. Im Rahmen eines Studienbuches ist es
nicht möglich und erscheint es nicht sinnvoll, alle Epochen der Erdgeschichte oder alle
fossil auftretenden Gruppen mit gleicher Ausführlichkeit zu behandeln; vielmehr bietet
sich eine exemplarische Auswahl solcher Gruppen an, die entweder in besonderem
Maße zu unseren Vorstellungen vom Ablauf der Evolution beigetragen haben oder sich
am besten eignen, um die spezifischen Denk- und Arbeitsmethoden und die Probleme
der Paläontologie anschaulich zu machen.

Die Fragen nach der Entstehung des Lebens, zu denen die Paläontologie fast keine
Aussagen machen kann, werden nur am Rande erwähnt. Sie fallen in den Bereich
der Forschungen von Biochemie und physikalischer Biologie. Nur die geologischen
Bedingungen, welche die Entstehung des Lebens ermöglicht haben, werden etwas ausführlicher beschrieben. Die Gesetzmäßigkeiten der Phylogenie, die sich dem Paläontologen zeigen, bedürfen selbstverständlich der Ergänzung durch die Prinzipien der
Stammesentwicklung, die an rezenten Formen erarbeitet worden sind. Hierzu möchten
wir auf das Studienbuch von M. Dzwillo „Prinzipien der Evolution — Phylogenetik und
Systematik", das sich in Vorbereitung befindet, hinweisen.

Das vorliegende Studienbuch wurde speziell für Studierende der Biologie im Grund-
studium geschrieben; es ist gedacht zum Gebrauch neben einer einführenden Vorlesung

zur Paläontologie oder auch anstelle einer solchen. Darüber hinaus kann es allen, die sich
für Phylogenetik interessieren — auch Liebhabern von Versteinerungen — eine Einführung in die Paläontologie geben. Es kann auch dazu beitragen, vom Studienplan der
Biologie her dem Interessierten den Weg zu einer paläontologischen Arbeit zu öffnen.

Für den Biologen, der sich mit Fragen der Evolution oder Systematik beschäftigt — sei
es in der eigenen Forschung, sei es im Schulunterricht — scheint uns ein Verständnis der
wichtigsten Grundlagen der Paläontologie ausgesprochen notwendig zu sein. Wenngleich
die Tatsache der Evolution durch zahlreiche Beobachtungen gesichert ist, kann nach
unserer Auffassung die Paläontologie wesentlich dazu beitragen, den Stammbaum der
Organismen in seiner zeitlichen Dimension differenzierter zu erfassen und dadurch eine
kritischere Einstellung gegenüber der Systematik rezenter Arten und gegenüber
Evolutionstheorien zu gewinnen. Die chronologische Darstellung der Erdgeschichte
liefert uns gewissermaßen Serienschnitte durch verschiedene Regionen des Stammbaums,
von dem sonst nur die Endzweige zugänglich sind. Nur mit Hilfe der Paläontologie ist
es möglich, eine Vorstellung von der Dynamik der Evolution und von der unterschied-
lichen phylogenetischen Aktivität verschiedener Gruppen zu bekommen.

Jülich, im Frühjahr 1973   H. Stieve und E. Hildebrand

Vorwort des Verfassers

Dies Buch ist entstanden aus einer Vorlesung, die der Verfasser seit dem Winter-Semester 1966/67 auf Anregung von H. Stieve für Studenten der Biologie hält.

Zum Verständnis der Zusammenhänge war eine kurze Einführung in die Geologie notwendig. Diese kann sich naturgemäß nur auf das für den Paläontologen Wichtige beschränken und muß dabei stark vereinfachen, „den Mut zur Lücke" zeigen. Da den Studierenden der Biologie in den Vorlesungen das Reich der Organismen nach dem natürlichen System gegliedert dargeboten wird, wurde hier der historische Weg gewählt und für jeden Abschnitt der Erdgeschichte eine oder mehrere Tiergruppen exemplarisch besprochen. Die Auswahl ist subjektiv, die Gruppen, die zu einer bestimmten Zeit eine besondere Bedeutung oder eine erste Blüte erlebten wurden herausgegriffen. Dabei wurden einige Stämme oder Klassen, die heute Bedeutung haben, evtl. nur am Rande erwähnt oder gar nicht besprochen, besonders Gruppen, deren Angehörige selten oder gar nicht erhaltungsfähige Hartteile bilden. Auf Weichkörper und Lebensweise wurde im allgemeinen nicht eingegangen, da sie den Biologen bekannt sind oder schnell in einem entsprechenden Lehrbuch nachgeschlagen werden können. Damit der Zusammenhang der Erdgeschichte gewahrt blieb wurden auch die geologischen Ereignisse der einzelnen Perioden und die heutige Verbreitung ihrer Gesteine in Europa kurz dargestellt.

Für ein tieferes Eindringen in die geologischen Vorgänge oder den Ablauf der Erdgeschichte findet der Leser Literaturhinweise am Ende der entsprechenden Kapitel.

Ich möchte Herrn Kollegen Stieve herzlich danken für die Anregung zu dieser Vorlesung, die mir, vor einem nicht speziell geologisch interessierten Hörerkreis gehalten, viel Freude machte und mich seinem Wunsch, daraus dies kleine Buch zu schreiben, gerne nachkommen ließ.

Die Figuren wurden teils nach eigenen Entwürfen, teils nach bewährten Vorlagen aus bekannten Lehrbüchern (jeweils angegeben) durch Herrn Dipl.-Geol. H. Albers und den Zeichner des Geologischen Instituts Herrn H. Th. Hahn ausgeführt. Die paläogeographischen Kärtchen wurden nach Entwürfen von K. Rode für den Gebrauch des Geologischen Instituts gezeichnet. Allen, die mir bei der Fertigstellung des Buches geholfen haben, sei hier herzlich gedankt.

Aachen, im Frühjahr 1973 E. F. Vangerow

Inhalt

1. Einleitung

Die Paläontologie ist die Wissenschaft vom Leben auf der Erde in vergangenen Zeiten.
So ergeben sich Beziehungen nach zwei Seiten hin: Zur Biologie, denn die heutigen
Lebewesen haben sich im Lauf der Erdgeschichte zu ihrer heutigen Gestalt und Lebens-
weise entwickelt; und zur Geologie, denn das Material der Paläontologie, die Fossilien,
stammen aus den Gesteinsschichten, deren Werden und Vergehen die Geologie erforscht.
Man kann diese Beziehungen der Wissenschaften so darstellen:

Biologie ⟷ Paläontologie ⟷ Geologie ⟷ Mineralogie u. Petrologie

Phylogenetik   Erdgeschichte

Systematik

Die Mineralogie und Petrologie beschäftigen sich mit dem Stoffbestand der Erdkruste,
mit den Mineralien und Gesteinen; die Geologie mit Entstehung, Veränderung usw.
dieser Stoffe; die Erdgeschichte mit der historischen Abfolge der geologischen Ereignisse
und der Veränderung der Lebewelt. Die Gliederung der Erdgeschichte wird, wie wir
später ausführlich erfahren werden, durch die Entwicklung der Lebewelt bestimmt.

Von daher besteht auch eine enge Beziehung der Paläontologie zur Praxis. Bestimmte
Lagerstätten wichtiger Rohstoffe sind an bestimmte Schichten gebunden. Bei der Suche
nach ihnen, besonders durch Tiefbohrungen, ist es wichtig, schnell und sicher das Alter
der Schichten zu erkennen. Das ist nur möglich über den Fossilinhalt und so kommt es,
daß besonders die Erdölgesellschaften neben Geologen auch Paläontologen beschäftigen,
die diese Aufgabe erfüllen.

2. Geologische Grundlagen

Um die Paläontologie, die Entwicklung der Lebewesen und ihre Verbreitung und die
Veränderungen ihrer Umwelt zu verstehen, ist es zweckmäßig etwas von den Stoffen
der Erdkruste und von den geologischen Vorgängen zu wissen.

2.1. Mineralien und Gesteine

Die Erdkruste baut sich aus verschiedenen Gesteinen auf; diese wieder bestehen aus
einer oder mehreren Mineralarten. Die Gesteine gliedert man nach ihrer Entstehung in

1. magmatische oder Erstarrungsgesteine (Mineralbestand: Quarz (SiO_2) und verschiedene Aluminium-Silikate von K, Ca, Na, Fe, Mg, wie Feldspat, Glimmer, Augit,
Hornblende u. a.).
2. Sediment- oder Schichtgesteine (Mineralbestand: Quarz, Tonmineralien, Karbonate,
Oxide, Sulfate u. a.). Da nur sie für den Paläontologen von Bedeutung sind, sollen sie
später ausführlich behandelt werden.

3. Metamorphe- oder Umprägungsgesteine (Mineralbestand: Quarz, Kalzit, komplexe Silikate u. a.).

2.2. Kreislauf des geologischen Geschehens

Die geologischen Vorgänge kann man am besten in Form eines Kreislaufes darstellen. Fig 1 zeigt diesen stark vereinfacht. Ausgang ist das Magma, das glutflüssige Gestein (Temperatur je nach Zusammensetzung 700 bis 1200 °C). Seit die Erde eine

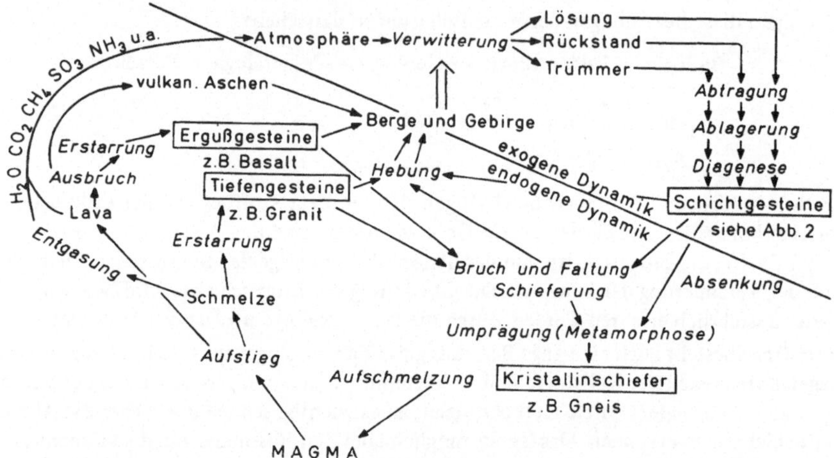

Fig. 1 Kreisläufe des geologischen Geschehens. Außer dem großen Kreislauf: Magmenaufstieg – Erstarrungsgestein – Verwitterung – Sedimentation – Absenkung – Aufschmelzung –, geschehen auch kleinere Kreisläufe, von denen der obere, Verwitterung – Sedimentation – Heraushebung, für die hier dargestellten Fragen von besonderer Bedeutung ist.

feste Kruste hat, wird das Magma durch komplizierte Vorgänge, auf die hier nicht eingegangen werden kann, in Tiefen von mehr als 20 km örtlich mobilisiert. Die Gesteinsschmelze bahnt sich teils aktiv, teils passiv den Weg an die Oberfläche. Bleibt sie in einigen 1000 m Tiefe stecken, erstarrt sie langsam zum grobkörnigen Tiefengestein (am bekanntesten der Granit). Kann es auf Spalten weiter nach oben dringen, wird es zur Lava und baut zusammen mit durch Gasexplosionen herausgeschleudertem feinem Material, den Tuffen und Aschen, die Vulkane auf. Da die Gesteine nahe der Erdoberfläche oder auf dieser sehr schnell erstarren, entsteht ein feinkörniges Ergußgestein; am häufigsten ist der blauschwarze Basalt.

Alle Gesteine, die sich an der Erdoberfläche befinden, stehen unter dem Einfluß der Atmosphäre. Frost und Hitze, Wind und Wasser, Schnee und Eis wirken auf sie ein und zerstören sie. Die Atmosphärilien wirken mechanisch zertrümmernd (z. B. Frostsprengung) oder chemisch. Außer Quarz und den hier nicht interessierenden sog. Edelsteinen sind alle Mineralien durch Wasser chemisch angreifbar. Ca, Na, Mg, K gehen als

Oxide oder Karbonate in Lösung, Quarz, Aluminiumsilikat, Eisenoxid bleiben als Rückstand. Trümmer und Rückstand, als klastisches Material bezeichnet, werden von Wind und Eis, hauptsächlich aber durch das Wasser abgetragen, transportiert und schließlich irgendwo, endgültig meist im Meer abgelagert. Das gleiche gilt für die in Lösung weggeführten Stoffe. Durch Wechsel im Material oder in der Korngröße entsteht dabei meist eine Schichtung. Dabei können auch Reste von Lebewesen mit eingelagert werden (siehe Sedimentation Fig. 2, Fossilisation Fig. 3). Durch Zusammenpressen, Verlust von

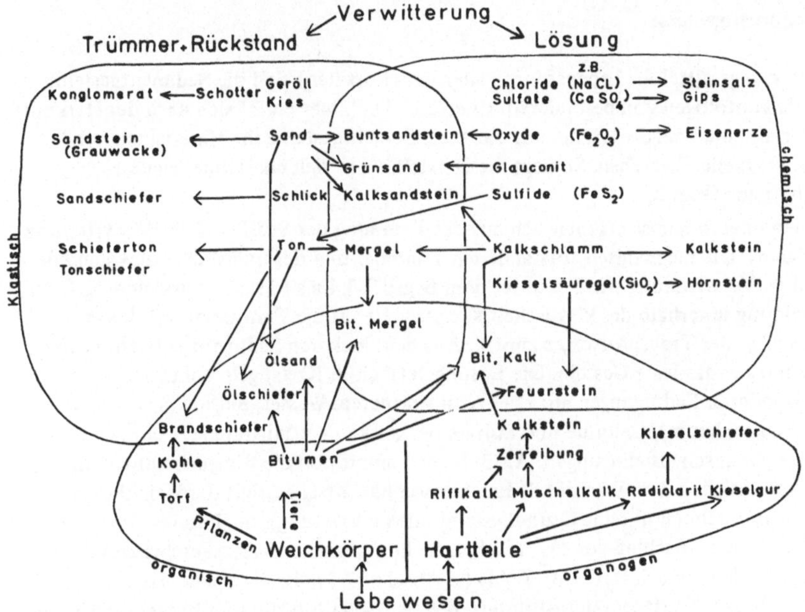

Fig. 2 Genetisches System der Sedimentgesteine (Erläuterungen im Text).

Wasser, Verkittung durch ausgeschiedene Stoffe, entsteht aus dem lockeren Sediment ein festes Sedimentgestein. Diesen Vorgang bezeichnet man als D i a g e n e s e .

Durch weitere Ablagerungen können die untersten Schichten immer tiefer in die Erde gelangen und unter erhöhtem Druck und Temperatur verändert werden (wobei natürlich Fossilien zerstört werden); dies ist die Metamorphose, die Gesteinsumwandlung unter Bedingungen, die von denen der Erdoberfläche sehr verschieden sind. Das Ende kann eine Wiedereinschmelzung sein. Meist geraten die verfestigten Sedimente zwischen Verschiebungen von Erdkrustenteilen, werden dabei zerbrochen oder verfaltet und schließlich zu Gebirgen herausgehoben. Damit beginnt der Kreislauf der Verwitterung von neuem.

Jedes Geschehen braucht eine treibende Kraft. Bei den exogenen Vorgängen ist es die Energie der Sonne, die alle Geschehnisse des Wetters (Verwitterung) und den Kreislauf des Wassers (Abtragung, Transport, Ablagerung) in Gang hält. Bei den endogenen

Vorgängen sind es nach heutiger Vorstellung Wärmeausgleichströmungen im Erdmantel (100 bis 900 km Tiefe, 1 bis max. 6 cm pro Jahr), hervorgerufen durch den Zerfall radioaktiver Elemente. Die Krustenschollen werden durch diese Strömungen passiv mitgenommen, wobei es zu Verschiebungen bis zum Ausmaß der Kontinentalverschiebungen kommen kann, zu Absenkungen bis zu Tiefseegräben und Heraushebungen bis zu Himalaja-Höhe, zum Zusammenpressen von Sedimenten zu Falten aller Größenordnungen.

2.3. Sedimentgesteine

Als Einbettungsmittel für Lebensspuren aller Art (Fossilien) sind die Sedimentgesteine für den Paläontologen von besonderem Interesse. Auch hier ergibt sich nach der Herkunft des Materials eine Dreigliederung, nur daß viele Schichtgesteine ihr Material aus verschiedenen Quellen beziehen. So liegt die Darstellung in sich überschneidenden „Kreisen" nahe (Fig. 2).

Die beiden oberen Kreise ergeben sich aus der Trennung der Stoffe bei der Verwitterung (Fig. 1 oben). Die mechanisch entstandenen Trümmer und der unlösliche Rückstand der chemischen Verwitterung wurden unter dem Begriff k l a s t i s c h zusammen gefaßt. Die Scheidung innerhalb des klastischen Kreises geht auf die Transportkraft des Wassers und die Länge des Transportweges zurück. Aus dem lockeren Sediment entsteht durch D i a g e n e s e das feste Gestein. Die Lösungen (rechter Kreis) geben ihre Stoffe nur unter besonderen Bedingungen ab: $CaCO_3$ in wärmerem Wasser, Sulfide in O_2-freiem Wasser (Faulschlamm), Chloride und Sulfate bei starker Verdunstung, die übrigen durch besondere chemische Bedingungen. Als 3. Kreis kommt nun die Biosphäre hinzu, die einen beträchtlichen Anteil an der Sedimentation hat. Zwar zerfällt der Weichkörper der Lebewesen schnell in seine Grundbestandteile (Verwesung), doch unter besonderen Bedingungen, bei Abschluß von O_2, machen sie komplizierte Zersetzungsprozesse durch und bilden je nach Herkunft Kohle (s. Abschn. 9.2), die als eigenes Gestein in Schichten (Flözen) auftritt oder Bitumina, die als Asphalt, Erdöl und Erdgas (s. Abschn. 13.5) immer innerhalb anderer Sedimente zu finden sind.

Auch die meist kalkigen, seltener kieseligen Hartteile, Schutz- und Stützskelette, werden meist mechanisch oder chemisch zerstört. Jedoch ist die Wahrscheinlichkeit der stofflichen Erhaltung wesentlich größer, vor allem bei kalkigen Schalen, so daß organogener Kalkstein, häufig zusammen mit chemisch ausgefälltem Kalzit, (wo Kalk chemisch ausfällt, haben es auch die Lebewesen leicht, Kalkschalen aufzubauen), einen wesentlichen Anteil der Sedimentgesteine bildet (ca. 8 %).

Alle diese Gesteine, außer den unter lebensfeindlichen Bedingungen gebildeten Chloriden und Sulfaten (Ausnahmen: Bakterien aus altem Steinsalz) können Fossilien enthalten. Naturgemäß bieten die unter heftiger Wasserbewegung abgelagerten Gerölle weniger Möglichkeit zur Erhaltung von Schalen, während sie aus Mergel im besten Zustand herauspräpariert werden können; in einem reinen Sandstein wird das freizirkulierende Wasser Kalkschalen schnell auflösen, während in einem bituminösen Ton sich noch Spuren des Weichkörpers erhalten können.

Das weitere Schicksal der Sedimentgesteine ist aus Fig. 1 zu ersehen. Dabei soll noch
ein Vorgang beschrieben werden, der das Gesicht der Erde immer wieder umgestaltet.
Das ist die Geosynklinal- und Gebirgsbildung.

2.4. Entstehung der Gebirge[1]

Geosynklinalen sind große, meist langgestreckte Senkungsgebiete, die an oder zwischen
konsolidierten Kontinentalblöcken liegen. Ihr Boden sinkt langsam über lange Zeiten
ab, vom umgebenden Festland wird Material aller Art hineingeschwemmt, meist den
Absenkungsbetrag kompensierend, so daß es immer ein flaches Meer bleibt (also ist der
Atlantik k e i n e Geosynklinale). Sinkt das Becken in der Mitte schneller, so werden
halbverfestige Sedimentmassen als Trübeströme in diese Räume hineingetragen. In den
Geosynklinalen werden viele 1000 m mächtige Sedimente abgelagert. In gewissen
Zeiten dringen meist kieselsäurearme Laven (untermeerische Ergüsse) ein. Nach einer
langen Senkungsperiode (meist über 100 Mio. Jahre) beginnt eine Einengung und
teilweise Heraushebung. Die Sedimente und eingeschalteten Laven werden gefaltet
und übereinander geschoben (Falten- und Deckengebirge). im randlichen Teil der
Geosynklinale geht meist die Sedimentation nun mit Material aus den aufsteigenden
Gebieten weiter (Flysch und Molasse), bis auch diese Räume mehr oder weniger intensiv
in die Faltung einbezogen werden; in den Kern des Gebirges dringen meistens größere
Mengen von granitischem Magma ein. Eine starke Heraushebung des ganzen Gebirges
ist der Abschluß. Das Ergebnis ist ein Hochgebirge, wie die Alpen oder der Himalaya.
Die sofort einsetzende Verwitterung und Abtragung gleicht Höhenunterschiede wieder
aus bis zur Ebene, über die das Meer transgredieren kann. Diese Gebiete bleiben aber
dem Festland zugehörig, wir sprechen deshalb von Epikontinental- oder Schelfmeer.
Die in diesen Meeren abgelagerten, meist nicht so mächtigen Schichten werden bei
erneuter Gebirgsbildung wegen des stabilen, schon gefalteten Untergrundes nicht mehr
intensiv gefaltet, sondern nur zerbrochen. Spätere Hebungen schaffen Rumpfgebirge,
wie die deutschen Mittelgebirge, die zur Steinkohlenzeit ihre Gebirgsbildung durchmachten, oder sie werden von jungen Sedimenten überdeckt, wie eben dieses
genannte alte Gebirge in den Gebieten Schwabens, Frankens und Norddeutschlands.
Wir werden im Laufe der Erdgeschichte auch diese Vorgänge betrachten, da sie für die
Entwicklung des Lebens insofern interessant sind, als sie Lebensräume zerstören und
neue Lebensräume schaffen.

2.5. Fossilisation

Als Fossilien bezeichnen wir alle Reste von Lebewesen, die wir in den Erdschichten
finden, von der Kriechspur eines Wurmes im ehemals weichen Schlamm bis zum voll-

---

[1] Folgende Bücher bringen in verständlicher Form Näheres über die in diesem Abschn. behandelten
Fragen: Brinkmann, R. 1967; Bülow, K. W. 1945; German, R. 1970; Richter, M. 1962; Schwegler,
L.; Schneider, P.; Heissel, M. 1969.

ständigen erhaltenen Tier in Asphaltsümpfen oder in dem Eis Sibiriens, oder auch
chemisch nachweisbare organische Substanzen (C h e m o f o s s i l i e n).
Normalerweise bleiben aber nur Hartteile, Schalen, Skelette, Zähne erhalten. Was
darüber hinaus geht, sind seltene Glücksfunde, allerdings dann mit sehr hohem Aussage-
wert. Für uns genügt es, sich mit dem Normalfall ausführlicher zu beschäftigen. In Fig. 3
ist der Vorgang der Fossilisation schematisch dargestellt. Dieses Schema kann eigentlich
nur Leben gewinnen, wenn man in einer paläontologischen Sammlung das Material
sehen oder gar in die Hand nehmen kann. Wie schon bei den Sedimentgesteinen, muß
man auch hier zwischen dem Schicksal des Weichkörpers, also der organischen Substanz
und dem der Hartteile unterscheiden. Nur ein geringer Prozentsatz der Lebewesen hat

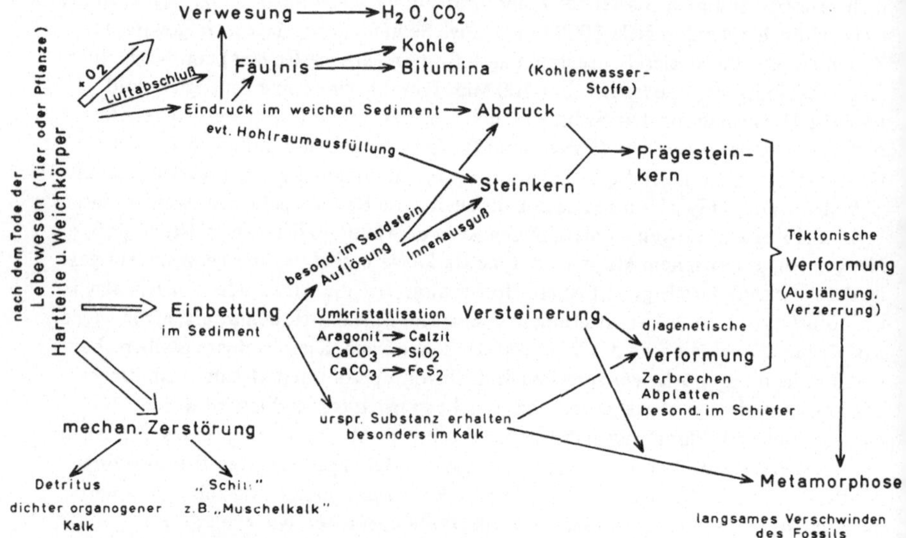

Fig. 3 Schema der Fossilisation (Erläuterungen im Text)

Aussicht, in Stoff oder Form überhaupt überliefert zu werden. Größenordnungsmäßig
1 % der gebildeten organischen Substanz wird im Sediment eingebettet und bleibt
als Kohle oder Bitumen erhalten. Mit den Hartteilen dürfte es ähnlich sein. Die
Erhaltung hängt natürlich von den Sedimentationsumständen und dem Material ab,
oder wie der Geologe kurz sagt, von der F a z i e s . In einer ruhigen Bucht, wo bei
fehlender Wasserbewegung und damit geringer Transportkraft nur feinster Schlamm
abgelagert wird, der auch nicht wieder aufgewirbelt wird, bleibt jede Spur eines Wurmes
erhalten, auf flachen Wattflächen können so zarte Gebilde, wie Quallen, wenn sie bei
Flut anlanden und bei Ebbe austrocknen, einen Abdruck hinterlassen, der bei der
nächsten Flut durch frischen Schlamm zugedeckt wird. Das gilt sinngemäß für alle Tiergruppen. Im bewegten Wasser, z. B. an einer Steilküste mit Brandung, werden überhaupt

nur wenige Tiere geeignete Lebensbedingungen finden (meistens am Fels festsitzende), und die Schalen der abgestorbenen werden schnell vom Wasser zusammen mit Geröll zerrieben, und es wird überhaupt nichts in die dort entstehenden Sedimente, meistens gröberer Sand und Kies, eingelagert werden.

Jedes Fossil stellt eine Schwächezone im Zusammenhang des Gesteins dar, meist auf der schon vom Gestein her zum Spalten prädestinierten Schichtfläche. So ist es wahrscheinlich, daß beim Zerschlagen eines Gesteinsstücks etwaige Fossilien freigelegt werden. Das ändert sich erst, wenn durch beginnende Umkristallisation die Mineralgrenzen verwischt werden.

Jedes Negativ eines Körpers im Gestein bezeichnen wir als A b d r u c k . Bei Pflanzen ist meist als Rest der pflanzlichen Substanz ein feines Kohlehäutchen darüber, das den Abdruck im Gestein tiefschwarz heraushebt. Je feinkörniger das Sediment, um so mehr Einzelheiten der Form kann der Abdruck zeigen.

Die wenigen unzerstört eingebetteten Schalen bleiben nur in einem dichten, sehr feinkörnigen Gestein, das keine Wasserzirkulation und damit auch keine stoffliche Umsetzung erlaubt, in ihrer ursprünglichen Substanz erhalten (Ton, dichter Mergel, feinstkörniger Kalk). An solchen Fossilien kann man dann den Perlmuttglanz oder andere Strukturfeinheiten erkennen. Meist macht die Substanz der Schale eine Umkristallisation durch und wird damit zu einer V e r s t e i n e r u n g . Die häufigste und auch einfachste Form der Umkristallisierung ist, daß das als Aragonit vorliegende $CaCO_3$ in Kalzit, mit einem anderen Kristallgitter, umgewandelt wird. Nur unter besonderen Bedingungen tritt bei Ersatz der ursprünglichen Kalksubstanz durch Kieselsäure eine Verkieselung ein oder in reduzierendem Medium ein Ersatz durch Schwefelkies (FeS_2), eine Verkiesung. Wenn Hohlräume der Schale nicht mit Sediment ausgefüllt werden, macht das Fossil bei einer Setzung (Volumenabnahme in der Vertikalen) des werdenden Gesteins eine Verformung durch, bruchlos oder durch Zerbrechen der Schale. Wenn der Hohlraum mit Sediment ausgefüllt wird, entsteht ein Steinkern, der den inneren Abdruck der Schale wiedergibt, in feinem Sediment mit allen Einzelheiten, wie Muskelabdrücken von Muscheln u. ä.

Im porösen Sandstein wird meist der Kalk der Schale früher oder später durch zirkulierendes Wasser herausgelöst. Ist das Gestein verfestigt, bleibt ein Hohlraum in Schalendicke zwischen Abdruck und Steinkern; ist es noch etwas plastisch, werden die Formen aufeinandergedrückt, und die äußere Form (Rippen u. a.) erscheint auch auf dem Steinkern (P r ä g e s t e i n k e r n) . Vom Augenblick der Einbettung an ist das Fossil ein Bestandteil des Gesteins und nimmt an dessen weiterem Schicksal teil. Wird das Gestein bei Gebirgsbildung gefaltet oder geschiefert (besonders tonhaltige Gesteine), so ist damit eine innere Deformation des Gesteins verbunden, die auch das eingeschlossene Fossil mitmacht. Da die Formen eines Fossils, zumindest seine Symmetrieverhältnisse, bekannt sind, kann der Geologe den Grad und die Richtung der Verformung des Gesteins an den Fossilien messen. Der Systematiker muß bedenken, daß tektonisch verformte Fossilien nicht als besondere Arten ausgeschieden werden dürfen. In Fig. 4 sind einige Beispiele für solche Verformungen wiedergegeben, die auch zu neuen Artbeschreibungen führen könnten. Auf einer genügend großen Schichtfläche kann man bei ungeregelter Einbettung der Fossilien die verschiedenen Verformungsarten nebeneinander beobachten.

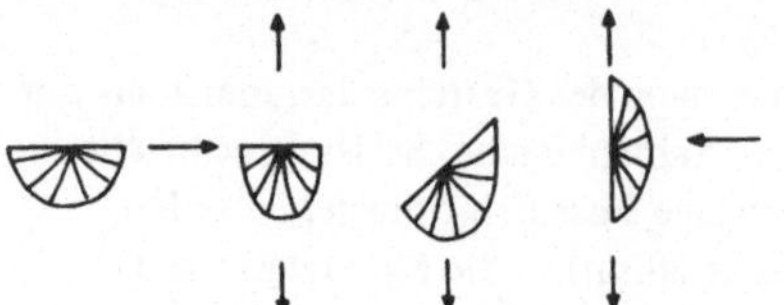

Fig. 4 Schema der Fossildeformation. Links die ursprüngliche Schale; die Pfeile deuten die innere Verformung des Gesteins an, Einengung von den Seiten, Auslängung senkrecht dazu. Daneben Verformung der Schale je nach ihrer Lage zu den tektonischen Kräften.

Im Verlaufe weiterer Veränderungen des Gesteins, vor allem mit Beginn der Metamorphose, bei der die innere Verformung durch Umkristallisation und Neubildung von Mineralien ausgeglichen wird, werden die Fossilien langsam zerstört, so daß kristalline Schiefer und andere metamorphe Gesteine keine Fossilien enthalten[1]).

3. Grundlagen der Erdgeschichte

Um 1800 erkannte der Engländer W. Smith, daß in bestimmten Gesteinsschichten auch bestimmte Fossilien vorkommen, die sich von denen der darüber oder darunter liegenden Schichten unterscheiden lassen. Diese Folgen ließen sich in weiter entfernten Aufschlüssen, auch wenn die Gesteine selbst sich veränderten, wiederfinden. Damit war die Möglichkeit einer historischen Gliederung der Gesteinsschichten, die B i o s t r a t i g r a p h i e geboren.

3.1. Relative Zeitbestimmung

Es ist einleuchtend, daß die untersten Gesteinsschichten (das L i e g e n d e einer Bezugsschicht) früher abgelagert sein müssen und die oberen (das H a n g e n d e) später, vorausgesetzt, daß keine tektonischen Verstellungen stattgefunden haben. Da wir durch Sedimentationslücken oder Abtragung nirgends eine vollständige Schichtfolge der Erdgeschichte haben, zur gleichen Zeit aber je nach Ablagerungsbedingungen (Sedimenttransport, chemische Ausscheidung usw.), an verschiedenen Orten verschiedenartige Gesteine abgelagert wurden, bieten nur die Lebewesen, die Fossilien, eine Möglichkeit, die Gesteinsschichten in der Reihenfolge ihrer Entstehung, also historisch, einzuordnen. Schematisch ist dies in Fig. 5 dargestellt.

Der raumzeitliche Abschnitt, der durch eine bestimmte Art gekennzeichnet ist, heißt Z o n e , die Art, die die Zone kennzeichnet, L e i t f o s s i l . Ein gutes Leitfossil

---

[1]) Weitere Einzelheiten und zahlreiche Abbildungen über das Thema dieses Abschnitts finden wir bei: Müller, A. H., 1963; Thenius, E. 1963.

soll möglichst unabhängig von der Gesteinsart weit verbreitet sein, aber nur kurze Zeit
(vertikale Erstreckung) gelebt haben. Als im Anfang des 19. Jahrhunderts die erste
Gliederung der Erdgeschichte nach Fossilien vorgenommen wurde, lag der Gedanke

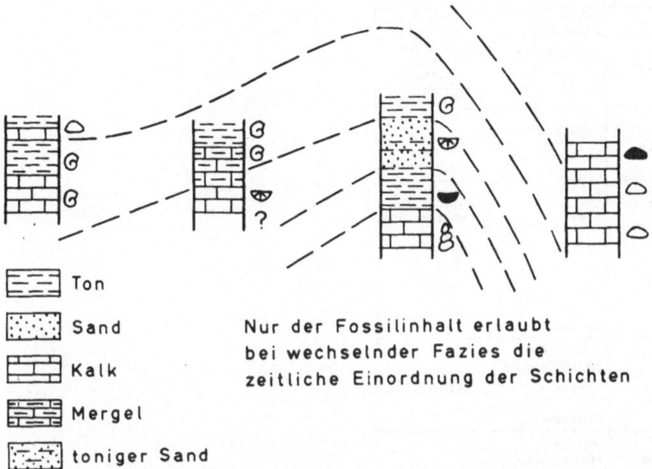

Fig. 5 Schema der Schichtgleichstellung nach Fossilien (Biostratigraphie). Jede Säule bedeutet
einen „Aufschluß" (Wegeeinschnitt, Steinbruch, Bohrkern, u. a.) in einem größeren Gebiet;
Schichten mit gleichen „Leitfossilien" müssen gleichzeitig abgelagert sein. Da die Ablagerung
einer Schicht auf einer größeren Fläche etwa in der Ebene stattfindet, läßt sich bei Ein-
schluß der heutigen Höhenlage eine tektonische Verstellung durch Verwerfung oder Faltung
(in unserem Schema angenommen) rekonstruieren.

einer Entwicklung des Lebens noch fern. Man erklärte die Verschiedenartigkeit der
Lebewelt in den Schichten und Zeitabschnitten durch Katastrophen, die die Organismen am Ende einer Periode vernichteten, worauf in der folgenden eine neue
geschaffen wurde. Obwohl sich Lamarck schon gegen diese Vorstellungen wandte,
setzte sich der Entwicklungsgedanke in der Paläontologie erst nach Darwin durch.
Heute benutzt man neben dem einzelnen Leitfossil auch Entwicklungsreihen mit
statistisch faßbaren Merkmalsverschiebungen (s. Abschn. 16.11) oder Faunen- bzw.
Florengesellschaften zur Bestimmung der Zonen oder weiterer Untereinheiten. In
unserer Zeit hat durch die Bohrtätigkeit auf der Suche nach Bodenschätzen, besonders
Erdöl und Erdgas, die sichere und detaillierte Altersbestimmung der Schichten enorme
praktische Bedeutung gewonnen, so daß die großen Gesellschaften eigene Paläontologen
(vor allem Mikropaläontologen, da die Mikrolebewelt aus dem Bohrkern bessere
Ergebnisse liefert) zur biostratigraphischen Einordnung der durchbohrten Schichten
anstellen.

Die Großgliederung der Erdgeschichte (s. Fig. 6) in P a l ä o z o i k u m ,
M e s o z o i k u m und K a e n o z o i k u m zeigt, daß die Gliederung nach der Tierwelt vorgenommen wurde. Nähme man die Pflanzen, würden die Grenzen anders liegen:

Das P a l ä o p h y t i k u m reichte vom Silur bis ins untere Perm, das
M e s o p h y t i k u m vom oberen Perm bis zur Unterkreide. Die Namen der

Aera	Formation System	Abteilung und eventuell Stufe	
Kaeno-zoikum	Quartär	Alluvium Diluvium	Holozän Pleistozän
	Tertiär	Jungtertiär	Pliozän Miozän
		Alttertiär	Oligozän Eozän Paläozän
Mesozoikum	Kreide	Oberkreide	
		Unterkreide	
	Jura	Malm Dogger Lias	weißer Jura brauner Jura schwarzer Jura
	Trias	Keuper	Rät Nor Karn
		Muschelkalk	Ladin Anis
		Buntsandstein	Skyth
Palaeozoikum	Perm	Zechstein Rotliegendes	
	Karbon	Oberkarbon	Pennsylvanian
		Unterkarbon	Mississippian
	Devon	Oberdevon	
		Mitteldevon	
		Unterdevon	
	Silur		
	Ordovizium		
	Kambrium	Oberkambrium	
		Mittelkambrium	
		Unterkambrium	

Zeitmarken links: 70 Mio. J. — 225 Mio. J. — 600 Mio. J.

Fig. 6 Erdgeschichtliche Tabelle

Formationen, Abteilungen und Stufen sind nach Orten, Landschaften, Volksstämmen
oder typischen Gesteinen gewählt und werden bei den entsprechenden Formationen
erläutert.

3.2. Absolute Zeitbestimmung

Die Fossilien erlauben nur eine relative Altersbestimmung, so wie wir die Menschheits-
geschichte auch nach Kulturfunden gliedern können. Die Lebensdauer der einzelnen
Arten ist sehr verschieden. So dauerten die Ammonitenzonen des Jura etwa 300.000
Jahre, die Trilobitenzonen des Kambriums etwa 2,5 Mio. Jahre. Versuche, nach
Sedimentmächtigkeit, jahreszeitlichen Rhythmen usw. eine absolute Zeitskala aufzu-
stellen, führten immer zu Schätzungen, bei denen die Zeitabschnitte im Vergleich
zur Wirklichkeit zu kurz ausfielen. Erst die Entdeckung der Radioaktivität gab der
Geologie eine Uhr in die Hand, die unabhängig von physikalischen und chemischen
Bedingungen über lange Zeiten läuft. Dabei ist es notwendig, daß das radioaktive
Element und sein Zerfallprodukt in einem geschlossenen System vorliegen, bei dem seit
seiner Entstehung nichts zugefügt oder abgeführt worden ist. Das ist der Fall in radioaktiven Einschlüssen in größeren Kristallen der Erstarrungsgesteine. Hier können wir

aus der Menge des Elementes und seines Zerfallproduktes bei bekannter Halbwertzeit
(Zeit, in der die Hälfte einer gegebenen radioaktiven Substanz zerfallen ist), den Zeitpunkt der Auskristallisation des Minerals und damit das Alter des Gesteins errechnen.
Die Sedimente können darauf nur nach ihren Altersverhältnissen zum Erstarrungsgestein
(älter oder jünger) eingestuft werden. Das gibt ein Zeitgerüst für die Erdgeschichte, kann
aber die Feingliederung nach Fossilien nicht ablösen.

Fig. 7 soll dies verdeutlichen. Der Granit, der die älteste Zeitbestimmung in diesem
Gebiet erlaubt, muß jünger sein, als sein rechtes Nebengestein, da er diese Schichten abschneidet und durch Hitze beeinflußt hat (K o n t a k t m e t a m o r p h o s e). Die

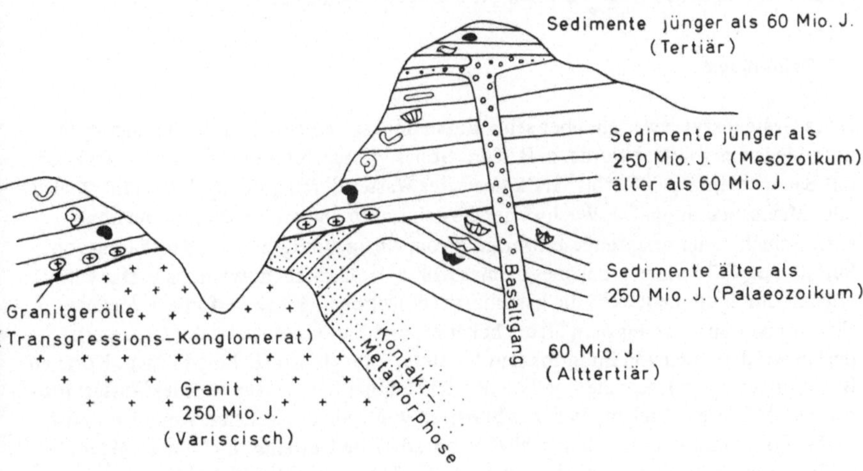

Fig. 7 Schema der absoluten Altersbestimmung (Erläuterung im Text).

links an den Granit angrenzenden Sedimente müssen jünger sein, da sie nicht verändert
sind, dafür aber Gerölle des Granites enthalten (Transgressionskonglomerat nach Abtragung der rechts noch erhaltenen Sedimenthülle). Diese jungen Sedimente greifen
auch diskordant über die gefalteten älteren. Sie werden von einem Basaltgang durchsetzt, der natürlich jünger sein muß. Er wird durch noch jüngere Schichten abgeschnitten.
Diese müssen deshalb nach Eruption des Basalts abgelagert worden sein. Außer diesen
beiden absoluten Zeitmarken können die Schichten nur durch Fossilien weiter gegliedert
und gleichgestellt werden.

Für die jüngste Zeit hat sich die Bestimmung von ^{14}C in organischen Stoffen für die
Altersfeststellung bewährt. Das radioaktive Kohlenstoffisotop ^{14}C mit einer Halbwertszeit von 5760 Jahren wird ständig durch Höhenstrahlung aus ^{14}N neu gebildet, so daß
es in einem bestimmten Prozentsatz in der Atmosphäre und von da in der organischen
Substanz vorhanden ist. Nach dem Absterben des Lebewesens wird der ^{14}C-Gehalt
nicht mehr erneuert und nimmt durch Zerfall zu ^{14}N gesetzmäßig ab. Mit Überschreiten

der Halbwertszeit wird die Methode immer ungenauer und erreicht ihre Grenze bei etwa 50.000 Jahren.

Die durch Fossilien gliederbare Erdgeschichte umfaßt mit 600 Mio. Jahren nur einen Bruchteil der gesamten Geschichte der Erde. So wie in der Menschheitsgeschichte die etwa 5000 Jahre von Altertum, Mittelalter und Neuzeit einer Ur- und Vorgeschichte des Menschen von etwa 1 Mio. Jahre gegenüberstehen, liegen vor den 600 Mio. Jahren der eigentlichen Erdgeschichte, wie wir in Fig. 6 sehen, etwa 4 Mia. Jahre Präkambrium mit Algonikum und Archaikum. Der Ausdruck A z o i k u m für A r c h a i k u m muß heute fallengelassen werden, da auch aus diesen Zeiten durch neue Untersuchungsmethoden und neue Funde Fossilien bekannt geworden sind.

3.3. Palökologie

Jedes Gestein sagt etwas aus über seine Entstehungsgeschichte und die Bedingungen, unter denen es gebildet wurde, z. B. Ton: Stilles Wasser; bituminöser Ton: Stillwasser mit Sauerstoffmangel; Geröll: Stark bewegtes Wasser durch größere Höhenunterschiede oder Meeresbrandung. Der Wechsel der Gesteinsarten von grob nach fein innerhalb einer Schicht zeigt wachsende Entfernung vom Abtragungsgebiet an, Ausfällung von Sulfaten und Chloriden trockenes, heißes Klima; Kohle: feucht-warm usw. Das wird ergänzt durch die Lebewelt, die bestimmte Umweltbedingungen erfordert. Manche Tiergruppen sind nur aus dem Meere bekannt, und bis zum Beweise des Gegenteils dürfen wir dies auch von ihren fossilen Vertretern annehmen (Echinodermen, Korallen Brachiopoden u. a.); Korallen und andere Riffbildner bevorzugen warmes Wasser; festwachsende Tiere brauchen ein festes Substrat, grabende ein weiches. Wenn wir heute im Gebirge Ammoniten finden, schließen wir, daß die Gesteinsschichten im Meer gebildet und später herausgehoben wurden. Finden wir Kohleschichten unter dem Meeresspiegel, müssen wir annehmen, daß sie zwar auf dem Land gebildet, doch später abgesenkt wurden.

Aus all diesen Einzelheiten können wir eine Vorstellung von der Verbreitung von Land und Meer und dem Klima in den vergangenen Zeiten gewinnen. Daraus resultieren paläogeographische Karten, wie wir sie bei der Besprechung der Formationen einschalten werden. Daraus ergibt sich eine wirkliche Geschichte der Erde, ein einmaliger Ablauf von Ereignissen. Jeder wiederholbare Vorgang, wie Gebirgsbildung, Abtragung, Sedimentation, Meeresüberflutung (Transgression) u. a. baut auf den vorhergegangenen Ereignissen auf und verläuft deshalb jedesmal anders[1]).

---

[1]) Vertiefende Literatur über erdgeschichtliche Fragen finden sich in: Brinkmann, R. 1966; Franke, H. W. 1969; Hölder, H. 1968; Thenius, E. 1970; Schmidt, K. 1972

4. Präkambrium

4.1. Geologische Verhältnisse

Unsere gegenwärtige Vorstellung von der Urgeschichte der Erde soll die nebenstehende Zeichnung (Fig. 8) erläutern. Die für das Leben wichtigen Ereignisse oder Funde sind eingetragen, die verschiedenen Gebirgsbildungsperioden dieser Zeit weggelassen. Die Geologie und damit „Erdgeschichte" beginnt nach Bildung einer festen Erdkruste. Die ältesten bekannten Gesteine und damit radioaktiven Meßwerte sind natürlich etwas jünger. Wie wir sehen, folgt die Geschichte des Lebens bald auf die Bildung der festen Erdkruste, wahrscheinlich nachdem die Erdoberflächen-Temperatur unter 50 °C gesunken war. In letzter Zeit sind von den verschiedensten Seiten Beiträge zu der Vorstellung von der Entstehung des Lebens der Erde geleistet worden. (Lit. s. Rutten, M. D. 1971)

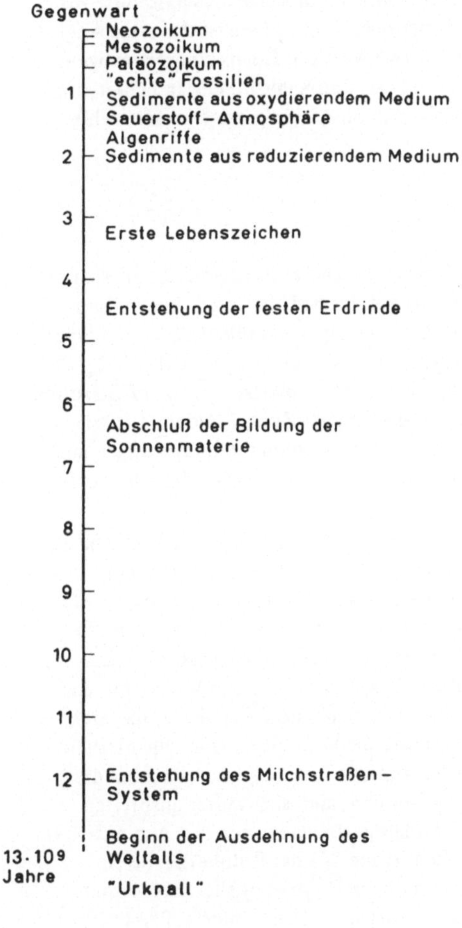

Wenn die Geologen heutige Vulkane beobachten, die einzigen Orte, an denen wir einen Einblick in die Tiefenschicht der Erde haben, finden sie Gasausströmungen bis lange nach Erlöschen der Lavatätigkeit. Die Gase sind: Wasserdampf, Kohlensäure, Methan, Ammoniak, Schwefeldioxid u. a.; freier Sauerstoff ist niemals dabei. Wenn das in der Urzeit auch so war — und wir haben keinen Grund, daran zu zweifeln, da alle magmatischen Gesteine einen Unterschuß an Sauerstoff haben — muß die Atmosphäre der Erde damals auch anders zusammengesetzt gewesen sein als heute. Noch aus viel späteren Zeiten (vor einigen Mia. Jahren) kennen wir Sedimente, die

Fig. 8 Urgeschichte der Erde

auf ein Fehlen von freiem Sauerstoff schließen lassen. Da diese Tatsache für die Entstehung des Lebens von großer Bedeutung ist, soll kurz darauf eingegangen werden.

1. In Südafrika findet sich ein Konglomerat mit Schwermetallsulfiden; Ramdor, Heidelberg, konnte nachweisen, daß ein Teil der Sulfide mit einsedimentiert, und nicht etwa nachträglich mit Lösungen zugeführt und ausgeschieden wurde. Ein Konglomerat (verfestigter Kies) bildet sich, wie wir schon gesehen haben, nur in bewegtem Wasser, das im ständigem Gasaustausch mit der Atmosphäre steht; dabei werden Sulfide unter der heutigen Atmosphäre schnellstens oxydiert. Wenn das nicht der Fall gewesen ist, müßte damals der Sauerstoff gefehlt haben.

2. In Finnland untersuchte Rankama einen ca. 1 Mia. alten Verwitterungsschutt aus Diorit (granitähnliches Tiefengestein). Unter heutiger Atmosphäre ist das erste Anzeichen der Verwitterung eine Oxydierung des zweiwertigen Eisens zu dreiwertigem verbunden mit einer Braunfärbung. Dies war in besagtem Schutt nicht zu bemerken, das Verhältnis von Fe^{II} zu Fe^{III} war das gleiche wie im Ausgangsgestein. Also fehlte auch hier der Sauerstoff.

4.2. Entstehung des Lebens

Diese Beobachtungen passen genau zu den Überlegungen der Biochemiker, die sich mit der Frage der spontanen Entstehung des Lebens auf der Erde befassen. Sie fordern dafür eine sauerstofffreie Uratmosphäre, und die Versuche von Miller (USA) und Oparin (UdSSR) haben gezeigt, daß sich in einem Gasgemisch von H_2O, CO_2, CH_4, NH_3, SO_2 (wie es also auch heute noch aus der Erde strömt), unter Einwirkung von UV-Strahlung oder elektrischen Entladungen Aminosäuren und einfacher Zucker bilden, die, wie weitere Versuche auch anderer Forscher zeigten, unter bestimmten Bedingungen auch kompliziertere Verbindungen aufbauen. Von hier zur ersten lebenden Zelle ist noch ein weiter Weg, den wir hier nicht verfolgen wollen.

Nur eins sei noch festgestellt. Am Anfang stand eine große chemische Vielfalt. Die aus den Stoffen der Atmosphäre entstehenden und mangels freiem Sauerstoff nicht wieder oxydierten „organischen" Stoffe konnten sich im Urmeer anreichern, wo sie vor der zerstörenden UV-Strahlung geschützt waren. Letzteres wurde regelrecht zu einer „Bouillon", von der die ersten Lebensformen sich vermutlich ernährten. Ein entscheidender Schritt muß die Fähigkeit gewesen sein, aus CO_2 und Wasser mit Lichtenergie organische Substanz aufzubauen. Dabei wird Sauerstoff frei; dieser oxydiert die spontangebildeten organischen Substanzen und die Grundbausteine, wie Methan u. a. Man kann nun annehmen, daß damit allen anderen Lebensformen langsam die Nahrung entzogen wurde, während die CO_2 assimilierenden sich weiter ausbreiten konnten und sicher bald den gesamten zur Verfügung stehenden Lebensraum ausnutzten. Die Produktion von O_2 dürfte, da die Ozeane 2/3 der Erdoberfläche einnehmen, etwa 2/3 der heutigen gewesen sein und nach Oxydieren aller oxydierbaren Substanzen langsam zum Aufbau einer sauerstoffhaltigen Atmosphäre geführt haben (unter der Voraussetzung natürlich, daß die Erde weder größer noch kleiner geworden ist, wie 2 sich widersprechende Hypothesen behaupten, auf die hier nicht näher eingegangen werden soll. Das brachte nicht nur neue Möglichkeiten für das Leben (Energiegewinnung durch Oxydation), sondern auch Veränderung der anorganischen Umwelt (Verwitterung, Sedimente), wie wir schon aus den Beweisen für die sauerstofffreie Uratmosphäre gelernt haben.

4.3. Älteste Lebensspuren

Die ältesten strukturierten Lebensspuren entdeckte Pflug in ungefähr 3,2 Mia. Jahre alten Gesteinen Südafrikas (Fig. 9). Es sind Hohlkügelchen oder eiförmige oder faden-

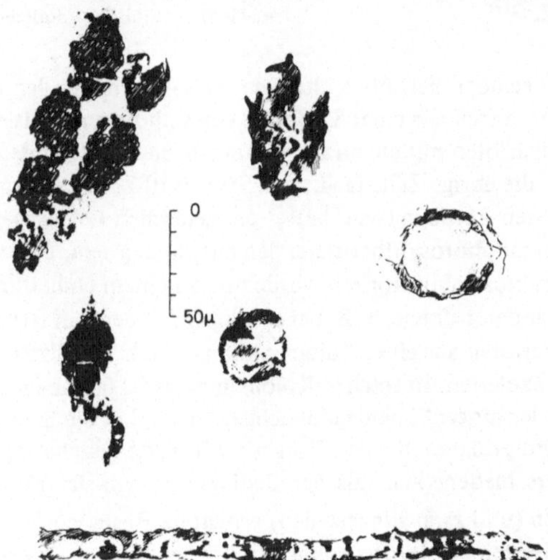

Fig. 9
Älteste Lebensspuren aus dem Präkambrium Südafrikas (Aus [5]).

förmige Gebilde von 0,02 bis 0,06 mm Durchmesser, gelegentlich zusammenhängend. Die Substanz besteht aus Kohlenstoff, meist in Form von Graphit, seltener von organischen Verbindungen in verkieselter Matrix. Sie werden als Algenreste gedeutet, die nebenbei gesagt, in engen Zusammenhang mit der Erzbildung der Sedimente gebracht werden.

Aus verschiedenen Zeiten des Präkambriums kennt man Kalke, die zum Teil Strukturen enthalten, wie sie heutige kalkabscheidende Algen hervorbringen und man schließt nun mit Recht, daß Algen eine wesentliche Rolle mit der Ausscheidung dieser Kalke gespielt haben. Die wichtigsten sind die Stromatolithen (Fig. 10). Sie entstehen teils durch biogene extrazelluläre Kalkausscheidungen, teils durch Detritusablagerungen im Netz der Algenfäden. Die ältesten sind ca. 2,6 Mia. Jahre alt. Im jüngeren Präkambrium eignen sie sich sogar zur Schichtgleichstellung über weite Regionen. Sie entstehen heute noch durch die Tätigkeit verschiedener Vergesellschaftungen von Blaualgen und Bakterien, und wir dürfen das gleiche für die präkambrischen annehmen. Sie gehören also zu den Prokarioten. Wann die Eukarioten entstanden sind, ist kaum zu sagen. Eine

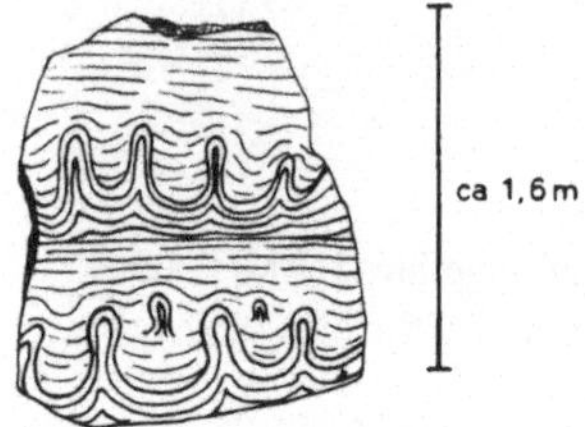

Fig. 10 Stromatolithen, Kalkausscheidungen an Blaualgen.

interessante Idee über die Entwicklung der Eukarioten aus den Prokarioten ist folgende: Die Eukarioten wären aus einer Symbiose eines photosynthetisierenden, also O_2 produzierenden Prokarioten mit einem O_2 verbrauchenden entstanden; letzterer benutzte sofort den für die übrige Zelle ja giftigen Sauerstoff zur Energiegewinnung. Auch sonst dürften die ersten Aeroben (oder besser oxygenischen Lebewesen) in unmittelbarer Nachbarschaft zu photosynthetisierenden entstanden sein. Es ist leicht vorstellbar, daß solch eine Symbiose obligatorisch wurde und zu einem einheitlichen Lebewesen führte (wie dies auf anderer Ebene, z. B. bei den Flechten der Fall ist). Eine andere Möglichkeit wäre, die Eukarioten aus einer Koloniebildung durch unvollständige Teilung von Prokarioten abzuleiten. In solchen Kolonien entsteht ja immer eine Arbeitsteilung und „zentrale Einrichtungen"; beide Möglichkeiten würden die inneren Membranen der Zellen recht gut erklären, die den Vorgang sehr verschiedenartiger Abläufe trennen, die auch unter verschiedenen chemischen Bedingungen vor sich gehen.

Als Eukarioten (und zwar Einzelzellen) gedeutete Reste wurden aus ca. 1,2 bis 1,4 Mia. Jahren alten Gesteinen Nordamerikas beschrieben. Sie treten dort zusammen mit Stromatolithen auf, haben aber wohl planktonisch (d. h. passiv im Wasser schwebend) gelebt. Erst nach Entstehung der Eukarioten können Metazoen, vielleicht auf dem Wege über Koloniebildung entstanden sein. Die ersten Metazoenreste stammen erst aus dem jüngsten Präkambrium und sind um 1950 aus Australien und Südafrika bekannt geworden. Die Fauna enthält Abdrücke von Spiculä, die Schwämmen zugeschrieben werden, Quallen und Seefedern, also zu den Coelenteraten gehörig, segmentierte Würmer und ihre Spuren, fragliche Arthropoden (Trilobitomorpha s. Abschn. 5.1) und im Vergleich mit heutigen Stämmen nicht einzuordnende Abdrücke. Von den fraglichen Spiculä abgesehen, sind es nur Tiere ohne Hartteile. Die Umwelt muß ein Küstengebiet mit zeitweiligen Strömungen (Sandtransport), Zeiten der Ruhe (Mulden mit Tonablagerungen) und wahrscheinlich sogar von Austrocknung gewesen sein, vielleicht im Gezeitenbereich. Nur unter solchen Gegebenheiten können sich neben Spuren von Würmern auch Abdrücke von Quallen erhalten.

Neueste Funde von körperlich erhaltenen Fossilien in verkieselten Sedimenten aus Südafrika machen eine Entstehung der Metazoen aus koloniebildenden Protozoen

wahrscheinlich und zeigen Übergänge von dichotom verzweigten Kolonien, durch
Herausbildung einer Mittelachse zu metamer angelegten Individuen höherer Ordnung,
mit verschiedenen Bauplantypen. Auch der Beginn der Hartteilbildung durch Einlagerung von Mineralkristallien konnte dabei nachgewiesen werden (vgl. Pflug, H. D.
1971). Diese Entwicklung müßte sich in einem Zeitraum von etwa 100 bis 150 Mio.
Jahren vollzogen haben, also außerordentlich schnell.

Wenn wir bedenken, daß zum Beginn des Kambriums eine reiche Fauna von Schalen-
trägern aller Art auftritt und im Laufe des Kambriums alle Stämme des Tierreichs mit
Ausnahme der Vertebraten erscheinen, tauchen für die präkambrische Lebewelt eine
Reihe von Fragen auf: Warum kennen wir so wenig Reste aus diesen Zeiten, während
ab Kambrium aus allen Zeiten und ökologischen Bedingungen eine Fülle von Lebewesen
überliefert ist? Wir dürfen doch annehmen, daß das Leben jeden nur möglichen Lebensraum auch einnimmt und daß die Entwicklung ohne große Sprünge vor sich geht. E i n
Grund ist, daß die meisten präkambrischen Gesteine eine oder mehrere Metamorphosen
durchgemacht haben, also keine Fossilien mehr enthalten können. Aber wir kennen
auch eine ganze Reihe unmetamorpher Gesteine aus dieser Zeit, vor allem aus dem
Algonkium, und auch diese enthalten nur in einigen Fällen Fossilien, und diese
stammen von Tieren ohne Hartteile. Darin liegt wohl eine weitere Erklärung: Tiere
ohne Hartteile können nur unter besonderen Bedingungen erhalten bleiben.

Andererseits ist aufgefallen, daß auch die Spurenfauna mit Beginn des Kambriums
reicher und differenzierter wird, aus dem unmetamorphen Präkambrium kennen wir
nur wenige nicht sehr charakteristische Spuren, während in den entsprechenden
Gesteinen des Kambriums alle die Formen auftreten, die wir auch aus späteren
Formationen kennen. Das würde bedeuten, daß auch die weichhäutigen Metazoen
(Erzeuger bestimmbarer Spuren sind neben Mollusken und Arthropoden meist
Würmer, besonders Anneliden) an der Grenze zum Kambrium eine besondere Entfaltung
durchmachen. Es bleibt also ein unerklärbarer Rest, auf den wir im letzten Kapitel
beim Problem der F a u n e n s c h n i t t e zurückkommen werden. Offensichtlich
sind in verschiedenen Tierstämmen Hartteile, wie Schalen und Skelette, erst im Kam-
brium entstanden. Die Gründe dafür liegen im Dunkel der Zeit. Möglich ist, daß im
Kambrium der Sauerstoffgehalt der Luft und damit des Meerwassers soweit angestiegen
war, daß die Tiere ohne Erhöhung ihrer Atemkapazität einen höheren Grundumsatz
haben konnten, der es ihnen erlaubte, zusätzliche Energie für die Ausscheidung von
Kalk aufzubringen. Der Vorteil dieser Neuerwerbung führte dann zu der schnellen
Ausbreitung und Differenzierung der Schalenträger im Kambrium und in den folgenden
Formationen[1]).

---

[1]) Ausführlicher bei Rahmann, H. 1972

4.4. Verbreitung des Präkambriums

Gesteine des Präkambriums sind heute an der Erdoberfläche in den sog. alten Schilden aufgeschlossen, die den Kern der Kontinente bilden (Fig. 11). Diese „alten Schilde" wurden während oder Ende des Präkambriums durch Faltung konsolidiert und im Laufe

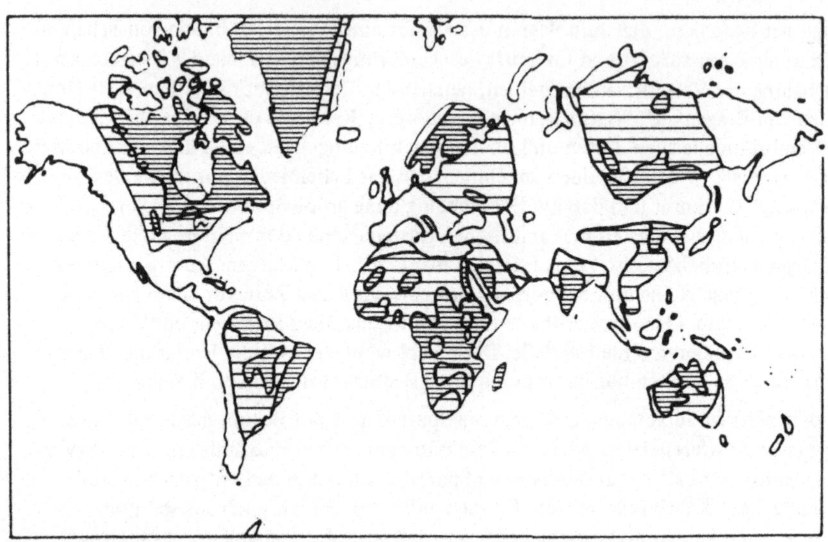

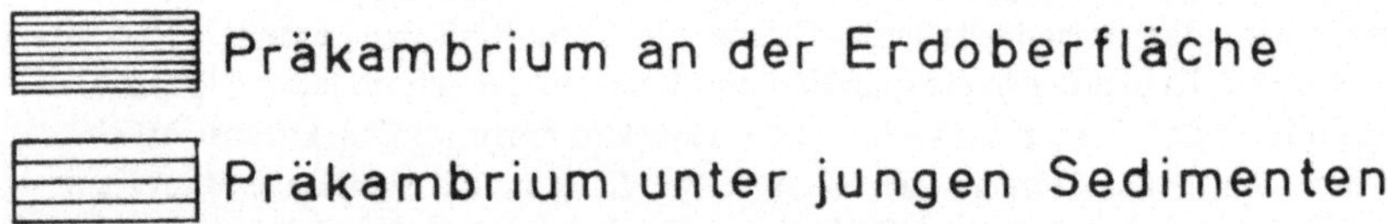

Fig. 11 Verbreitung des Präkambriums: Die „alten Schilde".

der folgenden Erdgeschichte nur noch randlich vom Meer überflutet. Die darauf abgelagerten Schichten sind meist nicht sehr mächtig und wegen des konsolidierten Untergrundes meist nicht mehr gefaltet. Sonst waren die Schilde meist Hochgebiete, also Regionen der Abtragung, so daß heute die tieferen Teile der Faltengebirge vorliegen, die durch die ehemalige große Absenkung mit erhöhten Temperaturen und Drucken (Fig. 1 rechts und Mitte unten) heute aus metamorphen Gesteinen (Gneisen, Glimmerschiefern u. a.) mit eingeschalteten Tiefengesteinen (meist Graniten) bestehen[1].

---

[1]) Ausführlicher: Rutten, M. D. 1971.

5. Kambrium

Mit dem Kambrium beginnt die eigentliche, durch Fossilien belegbare und gliederbare
Erdgeschichte. Der Name ist abgeleitet von der lateinischen Bezeichnung für Wales,
Cambria, wo diese Formation zum ersten Mal gegen andere abgegrenzt wurde. Charakter-
fossilien des Kambriums sind die Trilobiten, auf die im folgenden näher eingegangen
werden soll. Das Kambrium beginnt mit ihrem ersten Auftreten und wird durch ihre
verschiedenen Gattungen und Arten gegliedert.

5.1. Trilobiten

Die Trilobiten gehören zum Stamm der Arthropoden und bilden mit einigen ausgestorbenen kleinen Gruppen den Unterstamm der Trilobitomorpha. Sie besitzen,
wie alle Arthropoden, einen Hautpanzer, bei ihnen nur als Rückenpanzer ausgebildet.

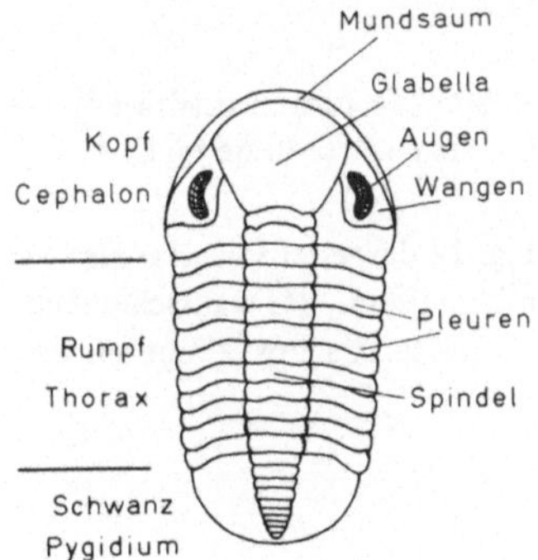

Fig. 12 Schema eines Trilobiten

Der Körper zeigt (daher der Name) eine Dreigliederung, wie in Fig. 12 dargestellt. Die Trilobiten
sind zwar seit dem Perm ausgestorben; doch können
wir nach einigen guten Funden und in Analogie
zu heutigen Arthropoden auch die übrigen Teile
des Körpers rekonstruieren. Der Kopfschild ist
entwicklungsgeschichtlich aus mehreren Segmenten
zusammengewachsen. Auf den Wangen befinden
sich, soweit nicht zurückgebildet, Facettenaugen
mit 100 bis 15000 Facetten. Unter der ± hoch auf-
gewölbten Glabella lag der Magen. Vorn saß
ein Paar Antennen. Die Pleuren waren beweglich
gegeneinander und griffen dachziegelartig übereinander und ermöglichten es dem Tier, sich ein-
zurollen und damit Weichteile und Gliedmaßen zu
schützen. Letztere waren als Spaltbeine entwickelt, der obere Teil als Kiemenbein, der
untere als Laufbein. Die Zahl der Thorakalsegmente schwankt zwischen 2 und 40,
meist um 10. Das Pygidium war wieder ein kompakter Panzer, der beim Einrollen
unter den Kopfpanzer gelegt wurde. Die Gesamtlänge der erwachsenen Tiere liegt um
3 bis 8 cm, im Extrem 0,5 bzw. 75 cm.

Wie alle Arthropoden mußten die Trilobiten beim Wachstum ihren Panzer abwerfen,
und so konnte, wenigstens in der Theorie, jedes Tier mehrere Fossilien liefern. So
kennen wir von besonders günstigen Fundumständen alle Entwicklungsstadien vom
ersten aus einem Stück bestehenden Embryonalpanzer, der dann in Cephalon und
Pygidium zerteilt wird, bis zum erwachsenen Tier. Vor dem Pygidium wird bei jeder
Häutung ein weiteres Segment eingeschoben. In Fig. 13 sind einige der Entwicklungsstadien herausgegriffen.

Die Trilobiten waren Bodenbewohner, die wahrscheinlich von tierischem und pflanzlichem Detritus lebten. Manche auglose Formen mögen auch im Schlamm wühlend

gelebt haben, während andere sicher auch schwimmen konnten. Wir finden sie in allen Faziesbereichen, also in sandigen, tonigen und kalkigen Sedimenten. Wenn man die

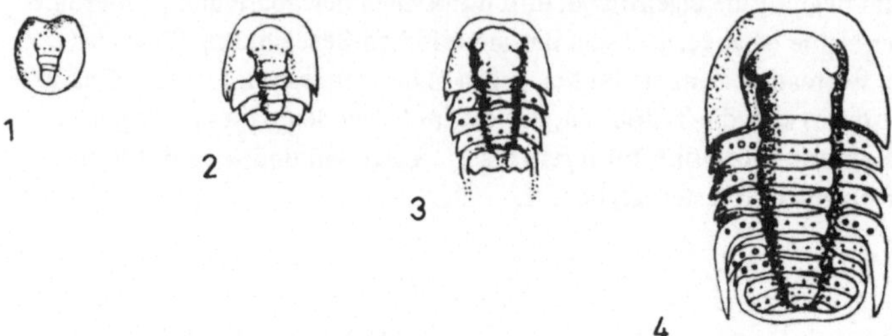

Fig. 13 Ontogenetische Entwicklungsstadien eines Trilobiten; 1. einheitlicher Larvenschild (Protaspis) 2. nach 2 weiteren Häutungen (2 Segmente sind eingeschoben); 3. nach 2 weiteren Häutungen; 4. nach weiteren 2 Häutungen, das Pygidium ist inzwischen voll ausgebildet.

Vielfalt der Formen, die sich in der Zahl von unterscheidbaren Gattungen ausdrückt, als Maß für die Blüte annimmt, erlebten die Trilobiten ihre erste große Blüte im Oberkambrium, eine weitere kleine im mittleren Devon.

Ein paar Beispiele für die Gestalt der Trilobiten sind in Fig. 14 dargestellt: 1. Harpes, mit einem breiten, in zwei lange „Hörner" ausgezogenen Mundsaum, der wahrscheinlich wie Schlittenkufen auf dem weichen Schlamm gleiten konnte; 2. Phacops, kenntlich an

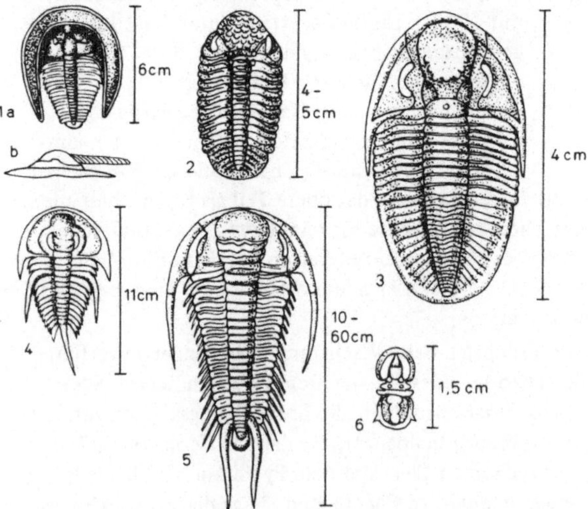

Fig. 14 Verschiedene Trilobiten; 1. Harpes, Silur bis Mitteldevon 1b von der Seite; 2. Phacops, Silur bis Devon; 3. Griffithides, Unterkarbon; 4. Olenellus, Unterkambrium; 5. Paradoxides, Mittelkambrium; 6. Agnostus, Unterkambrium.

der über den Mundsaum wegragenden Glabella und großen Augen mit deutlichen Facetten. Er ist relativ häufig im Devon des Rheinischen Schiefergebirges zu finden. 3. Griffithides ist ein letzter Vertreter des Stammes. Man beachte, daß er etwa den „Normaltyp" der Trilobiten darstellt, (Gegenbeispiel zur Tyployse s. Abschn. 16.6). 4. Olenellus ist einer der ältesten; auffällig das winzige Pygidium, das durch den langen Stachel verdeckt wird. 5. Paradoxides aus dem Mittelkambrium ist einer der größten Trilobiten. 6. Agnostus ist einer der kleinsten, mit gleich großem Kopf- und Schwanzschild und nur zwei Segmenten, augenlos, eine hochspezialisierte Form des oberen Kambrium.

Ein stammesgeschichtliches Problem wird hier deutlich: 4 der 7 Ordnungen, in die man die Trilobiten einteilt, erscheinen gleichzeitig im Unterkambrium. Es stellt sich folgende Frage: Haben die weichhäutigen Vorfahren der Trilobiten zu Beginn des Kambriums auf breiter Basis, d. h. in mehreren Familien, die Einlagerung von Kalk in ihre aus Chitin bestehende Haut erworben, oder ist dieses neue Merkmal in einer Population entstanden? Hat diese sich dann rasch ausgebreitet, wobei eine schnelle Aufspaltung in Arten, Gattungen und Familien erfolgte, die wir rückwärts, d. h. in Kenntnis der weiteren Entwicklung, sogar als Ordnungen unterscheiden? Vertreter der einzelnen Familien, aber auch Gattungen treten schon im Unterkambrium weit verbreitet auf, oft sogar weltweit d. h. auf der Nord- und Südhalbkugel. Dabei können wir auch Faunenprovinzen abgrenzen, allerdings ganz anders als in der heutigen Zeit. Auf der anderen Seite ist das Problem der Gleichzeitigkeit hier besonders groß, da die Trilobiten mit ihrem Auftreten je den Beginn des Kambriums definitionsgemäß bestimmen. So kann „die Gleichzeitigkeit" des Auftretens einzelner Gattungen oder Familien in Sibirien, Nordamerika und Australien z. B. doch in einem Zeitraum von einigen Mio. Jahren liegen. Genauere Daten sind für diese Zeiten mit anderen Methoden nicht zu erhalten. Das wird in späteren Zeiten besser, wo wir Entwicklung und Wanderung einzelner Arten verschiedener Tiergruppen verfolgen können, und wenn wir im späten Paläozoikum von Gleichzeitigkeit sprechen, ist der Spielraum viel enger.

5.2. Verbreitung des Kambriums

Die Verbreitung des Kambriums schließt sich eng an die des Präkambriums an. In vielen Gegenden der Erde finden wir zwischen beiden Formationen Spuren einer Eiszeit (infrakambrische Vereisung), während dann das Klima wieder humid (feucht)-gemäßigt war, im oberen Kambrium wohl wärmer und stellenweise trocken, da wir in einigen Gegenden aus dieser Zeit Salzablagerungen kennen. Da auch für das höhere Präkambrium ein gemäßigtes humides Klima anzunehmen ist, können wir schließen, daß die Erde sich in den letzten Mia. Jahren nicht mehr weiter abgekühlt hat, sondern Klimaschwankungen wohl von außerirdischen Faktoren bestimmt wurden. Kennen wir doch neben kalten Zeiten solche, mit einem auf der ganzen Erde ausgeglichenen oder einem sehr gegensätzlichen Klima.

Im Kambrium bilden sich die Geosynklinalen (s. Abschn. 2.4) heraus, die den Schutt
der präkambrischen Gesteine aufnahmen und am Ende des Silurs zum kaledonischen
Gebirge aufgefaltet wurden. Die kaledonische Geosynklinale, auf dem Kärtchen Fig. 15
waagrecht schraffiert, geht von Norwegen über die Britischen Inseln, von da nach Mitteleuropa und hat im Südosten und Südwesten wechselnd Verbindung mit dem großen Süd-

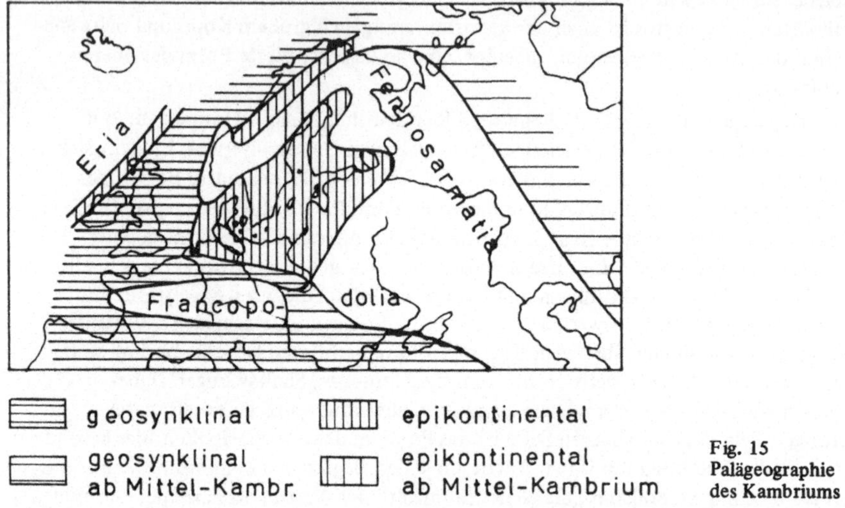

Fig. 15
Palägeographie
des Kambriums

meer („Tethys" nach der Gemahlin des Okeanos der griechischen Sage). Sie erweitert
sich und verengt sich nur in ihren Grenzen im Laufe der Zeit, während das (senkrecht
schraffierte) Flachmeer wechselnd über die alten Landmassen hinweggreift (Transgression) oder sich zurückzieht (Regression). Zu diesen paläogeographischen Kärtchen,
die wir zu allen Formationen bringen werden, ist noch eine allgemeine Bemerkung
nötig: Sie zeigen, wie die Grenzen von Land und Meer (Geosynklinalen und Epikonti-
nentalmeere) zu dem heutigen Verlauf dieser Grenzen liegen. Da, wie wir in Abschn. 2.4
gesehen haben, die Lage der Kontinentalblöcke zueinander sich im Laufe der Erdgeschichte verändert, müssen wir damit rechnen, daß zumindest die Grenzen der
Geosynklinalen sicher weiter auseinanderlagen, da die Schichten, die sich in ihnen
gebildet haben inzwischen stark gefaltet sind, was mit einer Einengung verbunden ist.
Andererseits ist der Atlantische Ozean ein junges Gebilde, entstanden n i c h t durch
Absinken einer breiten Erdscholle, sondern durch Auseinanderrücken von Europa,
Grönland und Nordamerika, und der auf dem Kärtchen im Nordosten angegebene
Kontinentalblock Eria umfaßt, außer der Nordwestecke von Schottland, noch Grönland
und Kanada. Diese Überlegungen müssen zum Verständnis der Kärtchen berücksichtigt
werden. Außerdem müßte natürlich für jeden Abschnitt der Formation ein eigenes
Kärtchen gezeichnet werden, da sich die Grenzen Land — Meer ständig verändern.
Unsere Kärtchen stellen also nur ein Durchschnittsbild der Paläogeographie der betref-
fenden Formation dar.

An Gesteinen des Kambriums finden sich in der Bundesrepublik nur fossilfreie Schiefer und Quarzite im Hohen Venn südl. Aachens und metamorphe Gesteine im Kern der deutschen Mittelgebirge. Fossilführendes Kambrium, meist Kalk und Mergel, ist bekannt aus Böhmen, der Lausitz, dem ganzen Ostseeraum, aus Norwegen und von den Britischen Inseln. Außer den genannten Trilobiten sind alle schalentragenden Stämme des Tierreichs von den Brachiopoden (s. Abschn. 8.1) bis zu den Echinodermen (s. Abschn. 11.1) mit urtümlichen Gattungen und Arten vertreten. Auch sie setzen bei ihrem Auftreten, zum Teil erst im Laufe des Kambriums, eine längere Entwicklung voraus.

6. Ordovizium

Der Name leitet sich von einem keltischen Stamm im heutigen Wales ab, wo die Abgrenzung gegen das unterliegende Kambrium und das darüber anschließende Silur erfolgte. Es wurde mit diesem früher zu einer Formation zusammengezogen, da beide durch e i n e Tiergruppe, die im wesentlichen auf sie beschränkt ist, charakterisiert werden, nämlich die Graptolithen.

6.1. Graptolithina

Wie die Trilobiten sind auch die Graptolithen nachkommenlos ausgestorben, und es war lange unmöglich, sie im System einzuordnen. Erst in neuester Zeit fand man an besonders gut erhaltenem Material Strukturen, die an die heutigen Pteriobranchia (z. B. Rhabdopleura) erinnern und man stellt sie deshalb mit diesen und mit den Enteropneusten (z. B. Balanoglossus) als Klasse in den Unterstamm der Stomochorda).

Die Graptolithen sind kleine koloniebildende, marine Tiere mit einem chitinischen Exoskelett. Dieses ist in Schiefern aller Art meist als ein feines Kohlehäutchen oder als ein Gümbelit- (feinschuppiger Glimmer) überzug auf dem Abdruck oder pyritisiert körperlich erhalten. Die auf den Schichtflächen oft massenhaft verteilt liegenden Rhabdosome (Kolonien) erinnern an eine Keilschrifttafel und haben den Tieren den Namen G r a p t o l i t h e n (Schriftstein) gegeben (Fig. 16). Seltene Funde, die mit Säure aus dichten Kalken oder Chalzedon (SiO_2) gelöst wurden, zeigten noch das ursprüngliche Chitin in körperlicher Erhaltung und erlaubten die Strukturuntersuchungen, auf denen unsere heutige Kenntnisse der Gruppe basieren.

Ausgangspunkt einer Kolonie ist die S i c u l a , die erste „Theke", die von der anfangs wohl freischwimmenden Larve zuerst durch ein spiralaufwachsendes Chitinband (Fig. 17), später durch Chitinhalbringe gebildet wird, die mit einer Zickzacknaht zusammenstoßen. Das weitere Wachstum der Kolonie geschieht durch Knospung, die bei den einzelnen Ordnungen sehr verschieden vor sich geht. Fig. 18 zeigt die Wachstumsart bei den beiden Hauptgruppen, den Dendroidea und den Graptoloidea. Die früher auftretenden Dendroidea, die wohl die Stammform der übrigen Ordnungen darstellen, zeigen einen deutlichen Dimorphismus. Die großen Autotheken werden als Sitz der weiblichen Tiere, die kleinen Bitheken als Sitz der männlichen gedeutet. Die Sicula, und damit die ganze Kolonie, ist mit einer Haftscheibe am Boden oder an Algen oder treibendem Tang festgewachsen. Sie sind wie der Name (Dendroidea = baumförmige) sagt stark busch- oder baumartig verzweigt (Fig. 19).

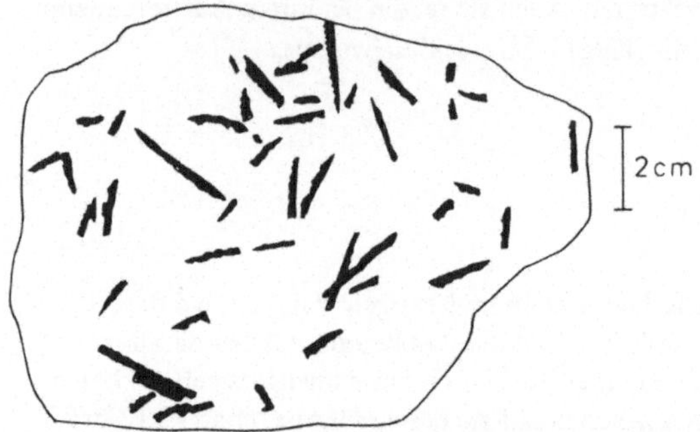

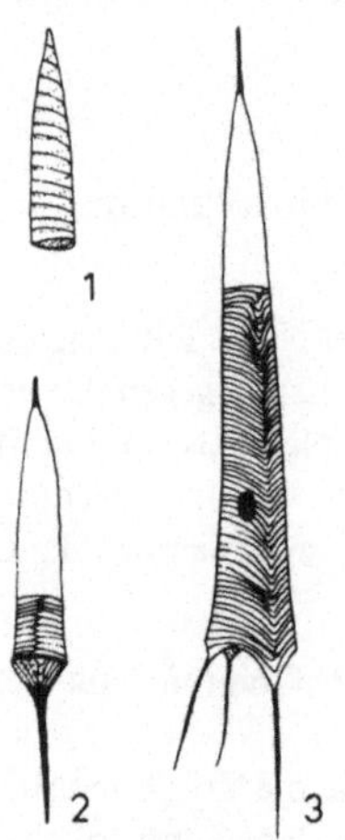

Fig. 16 Ein Stück Graptolithenschiefer aus dem Silur vom Oslofjord mit regellos verstreuten Rhabdosomen von Monograptus.

Fig. 17 Entwicklung der Sicula; 1. Prosicula, aus spiralaufgerolltem Chitinband; 2. Metasicula mit anschließenden Chitinhalbringen; 3. fertige Sicula mit Loch für die Knospe der ersten Tochtertheke (Aus: [3]).

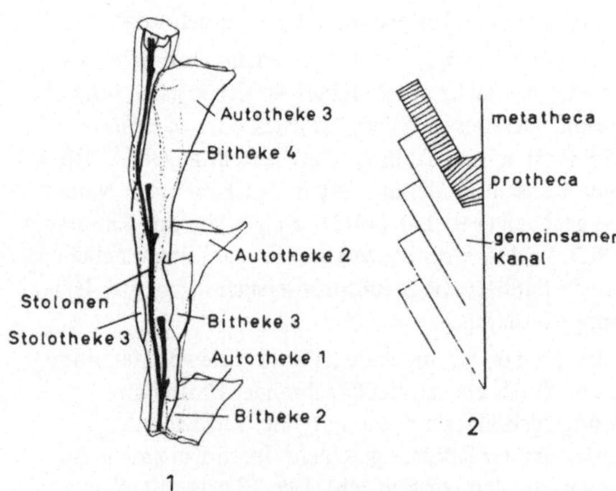

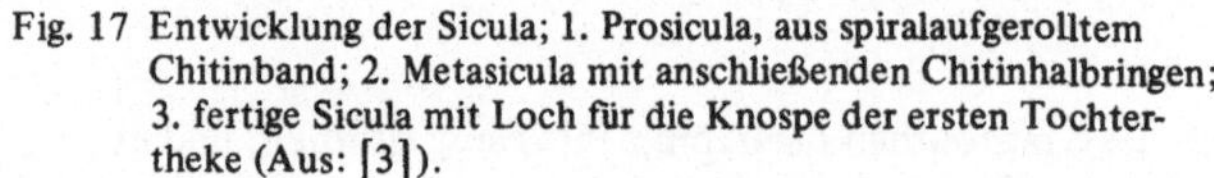

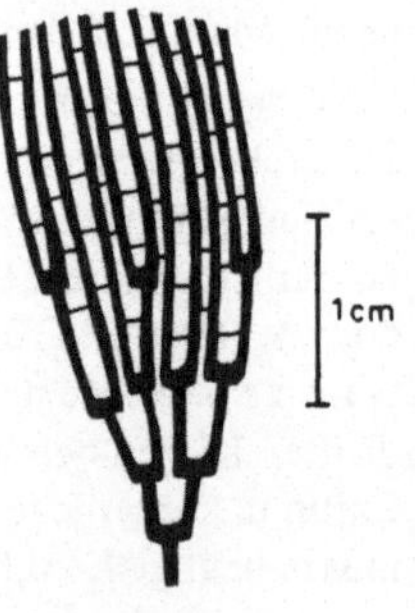

Fig. 19
Dictyonema, ein Vertreter der Dendroidea aus dem untersten Ordovizium vom Rande des Hohen Venns bei Aachen.

Fig. 18 Zusammenhang der Einzeltiere im Rhabdosom; 1. bei Dendoridea, 2. bei Graptoloidea (Aus: [3]).

Bei den Graptoloidea ist nur eine Art Theken entwickelt, die mit den Autotheken der Dendroidea homologisiert werden. Sie sind wenig verzweigt, und die Theken stehen zweireihig oder, überwiegend im Silur, einreihig, im Abdruck einem Laubsägeblatt gleichend, aneinander (Fig. 20). Gelegentlich wurden an der verlängerten Achse (Nema) Erweiterungen gefunden, die als Schwimmblase gedeutet werden. In manchen Arten vereinigen sich mehrere Rhabdosome, zu einem Synrhabdosom, das eine gemeinsame Haftschale zum Anheften an Tang oder eine gemeinsame Schwimmblase besitzt. Um diese herum fanden sich Blasen sog. Gonophoren, die der Fortpflanzung dienten, da in ihnen zahlreiche kleine Siculae lagen (Fig. 21).

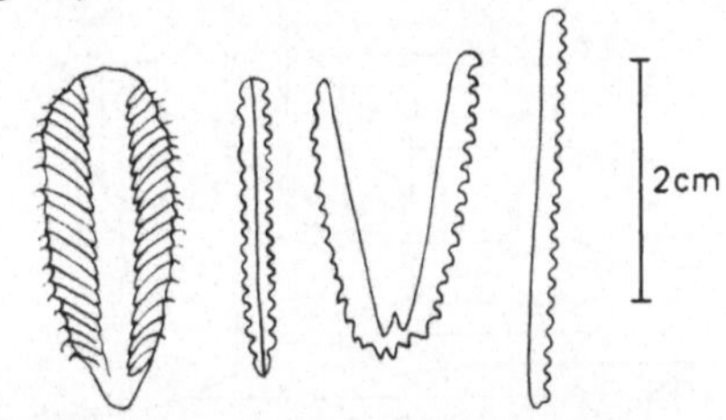

Fig. 20
Teilrhabdosome verschiedener Graptoloidea; von links nach rechts Phyllograptus, Diplograptus, Tetragraptus, Monograptus aus Ordovizium- und Silur-Schiefern des Oslogebietes.

Die epiplanktonische (d. h. an anderen schwimmenden Lebewesen festgeheftete) bzw. planktonische Lebensweise führte zu einer weltweiten Verbreitung. Da sie im Ordovizium und Silur auch eine rasche Entwicklung durchmachten, so daß die einzelnen

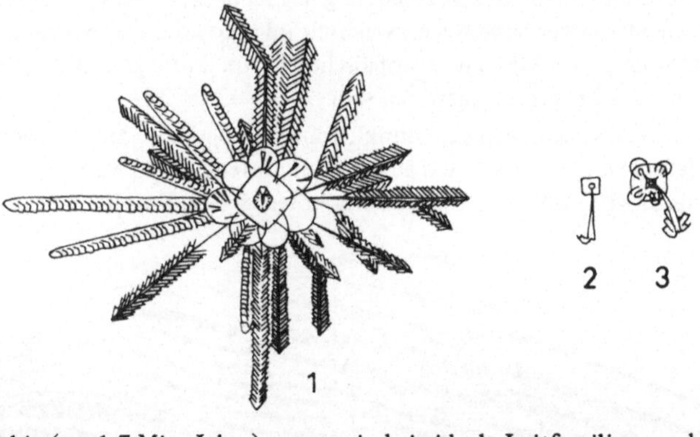

Fig. 21
Synrhabdosom
(Großkolonie)
von Orthograptus;
1. Gesamtansicht
2. Sicula aus der
Gonophore
mit Haftscheibe;
3. Aufbau einer
neuen Kolonie
(Aus: [3]).

Arten nur sehr kurzlebig (ca. 1,7 Mio. Jahre) waren, sind sie ideale Leitfossilien, nach denen beide Formationen gegliedert werden. Das gilt für die Ordnung der Graptoloidea, während die Ordnung der Dendroidea, von der erstere abzuleiten sind, vom oberen Kambrium bis zum unteren Karbon ziemlich unverändert durchläuft. Das zeigt ein interessantes entwicklungsgeschichtliches Problem auf, das uns auch bei anderen Tiergruppen noch begegnen wird: die einfachen Formen, in der meist die Stammgruppe liegt, leben fast unverändert über 100 Mio. Jahre und mehr. Die differenzierten dagegen existieren nur kurze Zeit, bis sie sich weiter entwickelt haben oder durch andere verdrängt werden und meist auch als Ganzes viel eher aussterben.

6.2. Verbreitung des Ordoviziums

Die Verbreitung des Ordoviziums liegt in denselben Räumen, wie die des **Kambriums** (Fig. 22). Die kaledonische Geosynklinale hat sich im Süden zur Tethys erweitert, und in Mitteleuropa existiert nur noch die von den Vogesen bis Böhmen reichende

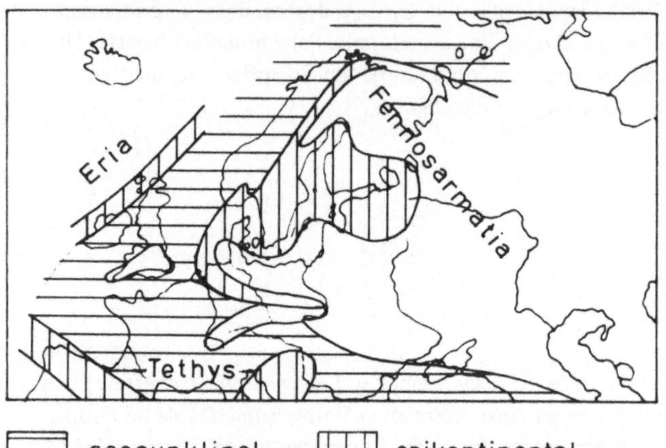

geosynklinal   epikontinental

Fig. 22
Paläographie
des Ordo-
viziums in
Europa.

alemannische Insel. Die Überdeckung des fennoskandischen Blocks im Osten, mit Kontinental- oder Schelfmeer, wechselt im Laufe des Ordoviziums wie im Laufe des Kambriums. Das Klima im europäischen Raum dürfte gleichmäßig milde mit zunehmender Erwärmung gewesen sein.

Für die Geosynklinalen sind dunkle (durch organisches Material gefärbte) Graptolithenschiefer charakteristisch, die auf schlecht durchlüfteten Meeresboden (euxinische Bedingungen) schließen lassen. So konnten sich an Fossilien nur die epiplanktonischen

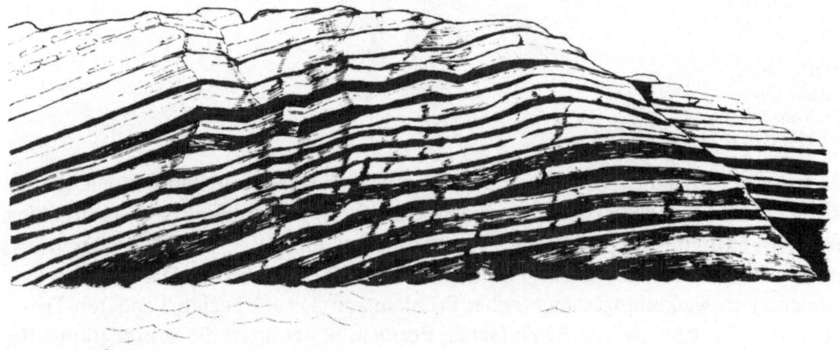

Fig. 23 Insel Nackholmen im Oslofjord, Wechsellagerung von schwarzen Schiefern und hellen
     Kalken der Flachmeerfazies.

oder planktonischen Graptolithen halten. Wir finden sie stellenweise im Rheinischen
Schiefergebirge, im Harz, in Thüringen und Sachsen, besonders aber in Wales dem
L o c u s t y p i c u s , d. h. dem Ort, an dem die erste Standardgliederung durch-
geführt wurde, an der alle anderen Gliederungen geeicht werden, und in Schottland;
sie erreichen dort einige 1000 m Mächtigkeit. Eingeschaltet sind basaltähnliche unter-
meerische Ergußgesteine. Die Epikontinentalablagerungen, Oslo und Ostseeraum,
Fig. 23, sind längst nicht so mächtig, dafür stärker differenziert durch häufigeren
Wechsel von sandigen, tonigen (Graptolithenschiefer) und kalkigen Gesteinen. Im
Gegensatz zu den Schiefern weisen die Kalke eine reiche Fauna auf: Die ersten
Korallen (nach oben zunehmend), Brachiopoden, Echinodermen, Cephalopoden und
Trilobiten. Am Ende der Formation erkennen wir die erste Faltung im Bereich der
Geosynklinale, die aber im Silur wieder durch eine lange und ruhige Sedimentations-
phase abgelöst wird.

7. Silur

Auch das Silur trägt seinen Namen nach einem Waliser Volksstamm und war früher,
vor allem im deutschen Sprachgebrauch, der umfassende Begriff, der auch das
Ordovizium einschloß. Das heutige Silur i.e.S. wurde G o t l a n d i u m genannt,
nach der Insel Gotland. Leitfossilien des Silur sind, wie gesagt, die Graptolithen,
vor allem Monograptusformen. Es soll in dieser Formation eine Tiergruppe
besprochen werden, die während des Ordoviziums entstand und im Silur erste
Verbreitung und geologische Bedeutung erlangte, — die Korallen und ihre
Verwandten.

7.1. Cnidaria

Der Stamm der Coelenteraten ist uns aus den Abdrücken von Quallen und Seefedern
aus dem oberen Präkambrium bekannt (s. Abschn. 4.3). Von den Unterstämmen
Cnidaria (Nesseltiere) und Ctenophora (Rippenquallen) interessiert uns Paläontologen
nur der erstere. Von den 5 Klassen der Cnidaria können wir auch die keine Hartteile
bildenden Medusen und Quallen übergehen und uns auf die Hydrozoen und Anthozoen
beschränken.

7.1.1. Stromatopora.
7.1.1. Stromatopora. Die Hydrozoa zeichnen sich durch einen Generationswechsel
Polyp – Meduse aus. Bei einigen Gruppen bilden die festsitzenden Polypen ein
kalkiges Exoskelett. Unter diesen ist die Ordnung Stromatoporoidea am wichtigsten.
Sie kommen vom Kambrium bis zur Kreide vor, haben ihren Höhepunkt der
Entwicklung im Silur und Devon.
Das Skelett besteht aus parallel zur Oberfläche verlaufenden Lamellen und senkrechten

Pfeilern (Fig. 24). Die Entfernung der Lamellen voneinander beträgt ein bis einige
Millimeter. Zur systematischen Bestimmung muß man Vertikalschliffe durch den Stock
machen, um das Verhältnis der Lamellen zu den vertikalen Pfeilern zu studieren. Die

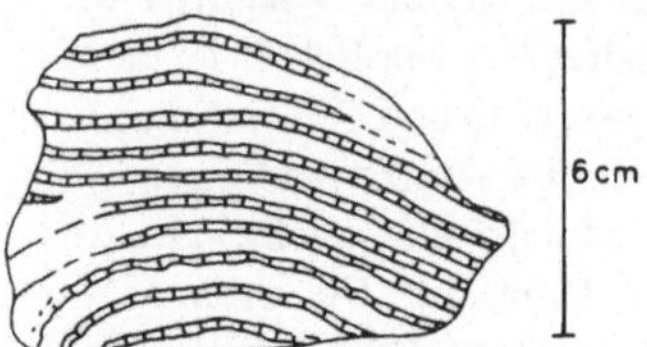

Fig. 24
Bruchstück eines Stromatoporenriffes aus dem
mittleren Devon südlich Aachens (schematisiert).

Kolonien (Stöcke) sind massiv, knäulig, rasenbildend, inkrustierend. Im Silur Gotlands
und im Devon des Rheinischen Schiefergebirges bilden sie flache Riffe (Biostrome), von
denen Fig. 25 eines aus Gotland zeigt.

Fig. 25 Stromatoporenbiostrome an der Ostseite der Insel Gotland, überlagert von geschichteten
    Silurkalken.

7.1.2. Anthozoa. Differenzierter, weiter verbreitet und heute noch lebend sind die
Anthozoa. Von ihnen interessiert uns die Unterklasse der Octocorallia nur insofern, als
die Seefedern des Präkambrium zu ihnen gestellt werden. Von erdgeschichtlicher und
geologischer Bedeutung sind nur die Zoantharia. Sie bauen ein Exoskelett auf, das aus
folgenden Hauptelementen besteht: Basalplatte, äußere Wand (Epitek), Septen (radial
angelegte Stützen für die Falten des Gastralraumes) und Böden (Tabulae), die die
unteren, nicht mehr bewohnten Teile des Skelettes vom bewohnten trennen (Fig. 26).
Anlage und Bau der Septen, Verhältnis Septen zu Böden, und der Bau der Wand stellen
die Merkmale dar, nach denen die Korallen, vor allem in der Paläontologie gegliedert

werden können. Von den 8 Ordnungen der Zoantharia sollen nur die drei paläontologisch wichtigsten, die Tabulata, Rugosa und Sclerectinia besprochen werden.

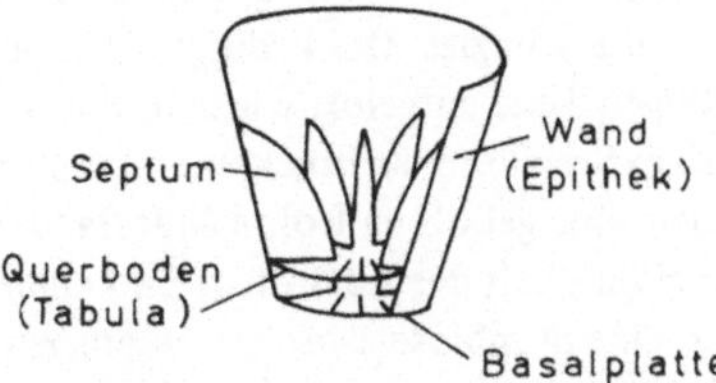

Fig. 26
Schematischer Aufbau des Anthozoen-
Skeletts.

7.1.2.1. Tabulata. Die Tabulata, die Bodenkorallen, beginnen in der Mitte des Ordoviziums und erreichen ihre größte Mannigfaltigkeit im Silur. Von da an nimmt die
Zahl ihrer Gattungen langsam ab, bis sie Ende des Perms nachkommenlos aussterben.
Wie der Name sagt, sind die Querböden gut entwickelt, während die Septen stark oder
vollständig zurückgebildet sind. Die Wände sind ausgebildet und von Poren durchsetzt,
die die Verbindung zwischen den Einzeltieren aufrechterhalten. Sie sind stets kolonie-
bildend. Die Kolonien sind entweder dichtstehend, massiv wie bei Favosites (Ordovizium bis Devon Fig. 27); die Polypare werden dabei natürlich fünf- bis sechs-
eckig. Die Kolonien bauen große Riffe auf, die über die Umgebung herausragen

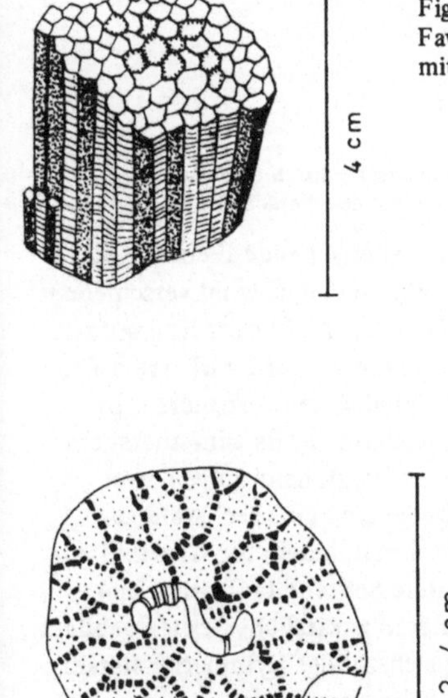

Fig. 27
Favosites, Bruchstück eines größeren Stockes aus dem
mittleren Devon der Eifel.

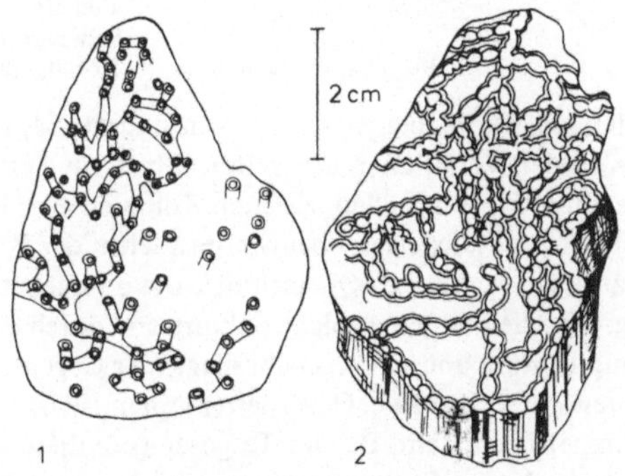

Fig. 28 1. Halysites aus dem Silur Gotlands
2. Aulopora aus dem Devon der Eifel

Fig. 29 Pleurodictyum aus dem Unterdevon der Eifel.

(Bioherme). Lockere Stöcke zeigen z. B. Halysites, die Kettenkoralle (Fig. 28) und
Aulopora, die mehr inkrustierend wächst. Pleurodictyum schließlich (Fig. 29) bildet
rundliche Kolonien von begrenzter Größe und lebt, im Gegensatz zu den erstgenannten,
in sandiger Fazies. Das bedingt eine Erhaltungsweise als Steinkern, da im Sandstein die
kalkigen Teile aufgelöst wurden. Besonders schön kommen dabei die Poren heraus,
die am Steinkern als Brücken erscheinen. Etwa in der Mitte der Stücke findet sich
häufig eine gebogene Röhre (mit Sand ausgefüllt), die als Wurmgang gedeutet wird; aus
der Häufigkeit des Auftretens und einer fehlenden Schädigung des Stockes nimmt
man eine Symbiose zwischen einem Wurm und dem Korallenstock an, wie man sie
gelegentlich auch an heutigen Korallen beobachten kann.

7.1.2.2. Rugosa. Die Rugosa (früher auch Tetracorallia genannt, nach der Anlage der
Septen) entstehen auch im mittleren Ordovizium, blühen im Silur stark auf und erreichen
ihren Höhepunkt im Devon; nach einem Rückgang im Oberdevon erkennen wir eine
große Mannigfaltigkeit im unteren Karbon und von da einen starken Rückgang, bis sie
Ende des Perms aussterben. Aus ihnen haben sich wahrscheinlich die in der Trias anschließenden Scleractinia entwickelt, wie sich aus der Septenentwicklung (Fig. 30)

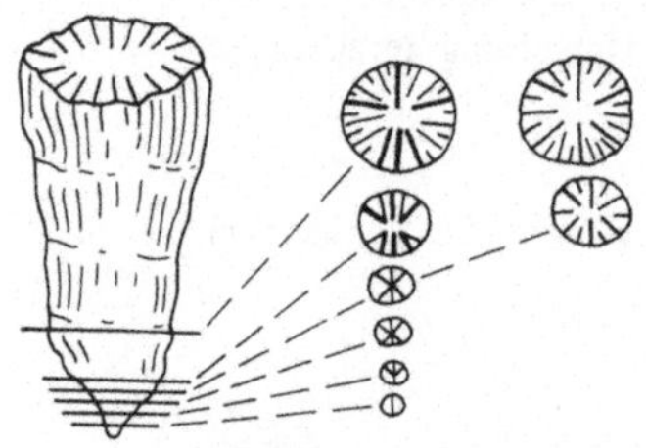

Fig. 30
Schematische Schnittserie durch eine rugose
Koralle, rechts durch eine Scleractinie.

ableiten läßt. Bei beiden Ordnungen sind die Septen das beherrschende Element, das in
den beiden Variationen die weitere Gliederung erlaubt. Wir kennen sowohl verschieden
gestaltete Einzelkorallen, als auch Kolonien aller Baupläne. Da das Skelett im Laufe des
Lebens des Tieres nach oben weiterwächst, der Polyp aber immer nur im obersten Teil
sitzt, kann man durch Querschnitte die ontogenetischen Stadien rekonstruieren. In
Fig. 30 sehen wir eine solche Schnittserie durch eine Einzelkoralle: Es wird zuerst ein
Hauptseptum und ein gegenüberliegendes Gegenseptum angelegt, dann folgen zwei
Seitensepten und zwei Gegenseitensepten, so daß vorübergehend eine sechszählige
Symmetrie entsteht. Bei den Rugosen geht diese aber verloren, indem die Gegenseiten-
septen nahe ans Gegenhauptseptum rücken und die weitere Septenbildung nun in 4
Feldern erfolgt. Erst sehr viel später werden in allen Feldern zusätzliche Septen gebildet.
Im späten Paläozoikum bleibt bei einigen Gruppen die sechszählige Symmetrie stärker
erhalten, während die mesozoischen Scleractinia sechszählig weiterbauen.

Fig. 31 zeigt eine normale Einzelkoralle aus dem Silur, stellvertretend für eine große
Zahl, die sich meist im Aufbau der Septen und der Böden unterscheiden, ferner eine
gedeckelte Koralle aus dem Devon und einen typischen Korallenstock. In Fig. 32 ist

ein großes Riff aus verschiedenen Korallen und Stromatoporen dargestellt, das in geschichtete Kalke des Silurs der Insel Gotland eingelagert ist. Das ist typisch für Korallenriffe überhaupt.

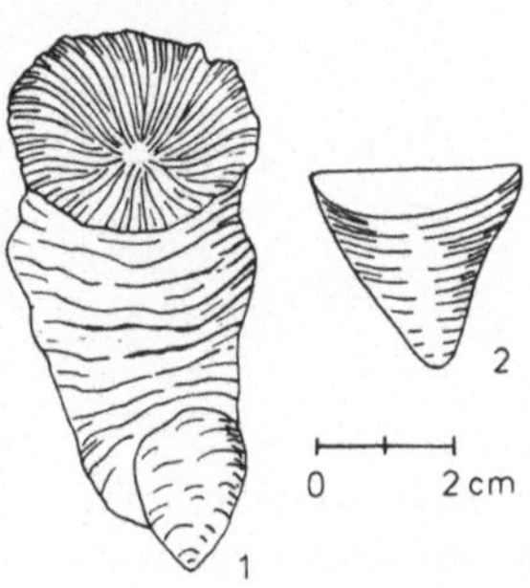
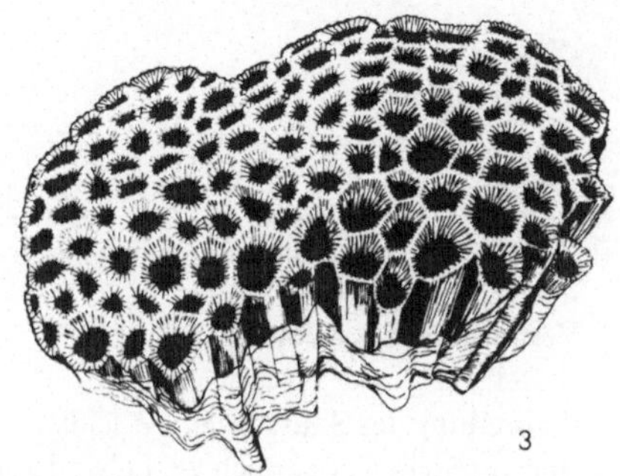

Fig. 31 Korallen aus dem Devon der Eifel; 1. „Cyathophyllum"; 2. Calceola, eine gedeckelte Einzelkoralle; 3. Teil einer Kolonie von Hexagonaria.

Fig. 32 Korallenriff aus den Hamraschichten des Silur bei Hoburgen, Südspitze Gotland. Man beachte das Anschmiegen der geschichteten Kalke an das massige Riff.

7.1.2.3. Scleractinia. Die Scleractinia, früher auch Hexakorallia genannt, die heute die Masse der Riffkorallen stellen, unterscheiden sich, wie in Fig. 30 gezeigt ist, von den Rugosa in der Anlage der Septen; dazu kommt, daß meist die Wand durch Verdickungen oder Auswüchse der Septen gebildet wurde. Wir bringen als Beispiel Thecosmilia (Trias bis Kreide) (Fig. 33), bei der das Fehlen einer echten Wand deutlich zu sehen ist. Außerdem stellt sie eine andere Form der Koloniebildung dar als Hexagonaria in Fig. 31.

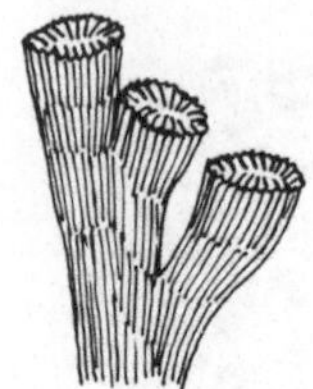

Fig. 33
Bruchstücke eines Stockes von Thecosmilia aus dem Tertiär.

7.2. Verbreitung des Silurs

Die Verbreitung des Silurs (Fig. 34) schließt sich eng an die des Ordovizium an, greift an manchen Stellen aber noch weit über dessen Verbreitung hinaus. Auch die Gesteine sind sehr ähnlich, die dunklen Graptolithenschiefer in den Geosynklinalen, in den Randgebieten mit Kalken wechselnd, im Epikontinentalmeer dagegen weite Verbreitung von Korallen und Stromatoporenriffen. Durch hohe Temperaturen wurde wahrscheinlich die starke Entwicklung und Ausbreitung der Korallen begünstigt, die im Obersilur ihren

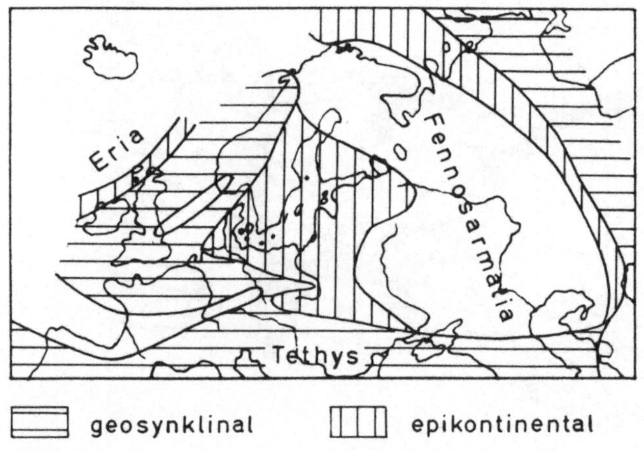

Fig. 34 Paläogeographie des Silurs in Europa.

Höhepunkt erreichten. In der Lebewelt ist das Auftreten der Fische (s. Abschn. 8.3) und im obersten Silur das der ersten Gefäßpflanzen, also landbewohnenden (s. Abschn. 9.1), erwähnenswert.

Den Abschluß des Silurs bildet die Hauptfaltung der kaledonischen Gebirgsbildung (genannt nach dem lateinischen Namen für Schottland, Kaledonia). Dabei wurde der Nordstamm zwischen Fennoskandia und Eria intensiv zu einem alpenähnlichen Gebirge

aufgefaltet und blieb seitdem im wesentlichen ein konsolidiertes Hochgebiet mit einer
Quersenke, der heutigen Nordsee, während der mitteleuropäische Südstamm nicht
konsolidiert und im Devon mit in die variscische Geosynklinale einbezogen wurde. Im
Kern der variscischen Großsättel, z. B. im Hohen Venn südl. Aachens, erkennt man, daß
die Gesteine des Kambriums bis Silur schon kaledonisch beansprucht worden sind.

8. Devon

Der Name leitet sich von der südenglischen Grafschaft Devonshire ab, obwohl die
Formation dort nicht in ihrer typischen Ausbildung entwickelt ist. Deshalb ist auch die
internationale Gliederung im Ardennen- Eifelgebiet festgelegt worden. Die Lebewelt
des Devons ist ungeheuer mannigfaltig, die Standardgliederung wird im unteren und
mittleren Devon nach Brachiopoden, im oberen nach Cephalopoden und in nichtmarinen
Gebieten nach Fischen durchgeführt. Dazu treten im marinen Raum noch die meist
den Vertebraten zugerechneten Conodonten. Diese vier Gruppen, die alle im Devon
eine besondere Blüte zeigten, sollen im folgenden besprochen werden.

8.1. Brachiopoda

Die B r a c h i o p o d e n sind in Lebensweise und äußerem Aussehen den Muscheln
ähnlich, haben aber in ihrem inneren Bau und ihrer Entwicklungsgeschichte nichts mit
ihnen zu tun. Während bei den Muscheln (s. Abschn. 13.2), rechte und linke Klappe
unterschieden werden können, die in der Regel gleich sind, besitzen die Brachiopoden
eine obere und untere Klappe (oder besser Arm- und Stielklappe), die ungleich sind,

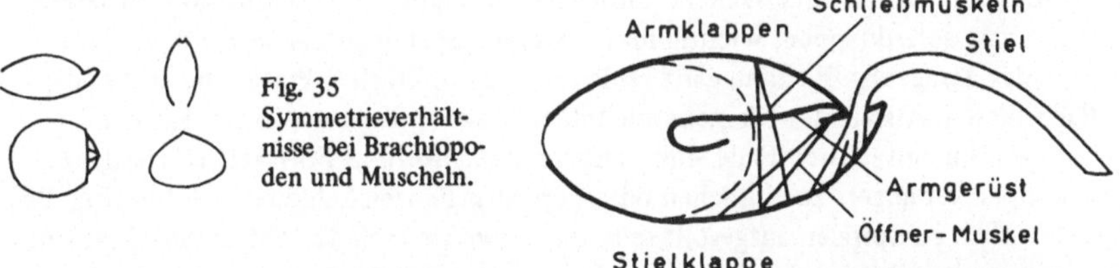

Fig. 35
Symmetrieverhält-
nisse bei Brachiopo-
den und Muscheln.

Fig. 36 Schema des Baues eines Brachiopoden.

aber jede in sich spiegelsymmetrisch (Fig. 35). Auch das Öffnen und Schließen der
Klappen geschieht n u r durch Muskeln, während bei den Muscheln das Öffnen
automatisch durch ein elastisches Band erreicht wird, wie man an abgestorbenen
Schalen sieht, die offen stehen.

Ein besonderes Merkmal sind die Kiemenarme oder Tentakeln, die in Ruhe spiralauf-
gerollt im vorderen Teil der Schalenhöhlung liegen und dann häufig durch kalkige

Armgerüste gestützt werden; diese sitzen in der A r m k l a p p e . Ein weiteres Merkmal ist der Stiel, der in der unteren Klappe (daher S t i e l k l a p p e) festsitzt, in oder
unter dem Wirbel austritt und am Meeresboden oder auch an Pflanzen befestigt wird
(Fig. 36).

Den Weichkörper können wir von den wenigen heute lebenden Formen ableiten. Am
fossilen Material sind uns nur bei besonderer Erhaltung die Abdrücke der Öffner- und
Schließmuskeln zugänglich und von Gefäßen, die an der Schale entlang laufen. Im
übrigen dienen die Merkmale der Schale selbst zu einer Gliederung.

Bei den einfachen, dafür aber sehr langlebigen Formen, fehlt ein Scharnier (Schloß)
zwischen den beiden Klappen, die deshalb nicht aufgeklappt, sondern zum Austritt
der Arme gegeneinander verschoben werden. Die Schale selbst besteht aus einem
Wechsel dünner Lagen von hornigem Material und Kalziumphosphat. Als Beispiel dieser
inarticulaten Brachiopoden diene Lingula, die mit geringen Variationen vom Ordovizium bis heute existiert (Fig. 37). Einige früher entwickelte, ausgestorbene
Inarticulata besitzen auch schon eine kalkige Schale.

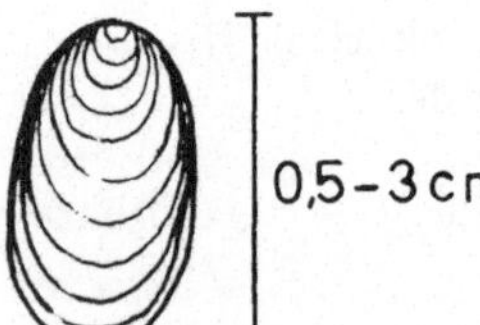

Fig. 37
Lingula, ein kleiner hornschaliger Brachiopode. Ordovizium
bis heute.

Zur Klasse der Articulata, der schloßtragenden Brachiopoden, gehört die überwiegende
Menge der fossilen Formen. Ihre Hauptblüte reicht vom Ordovizium bis ins Devon. Sie
haben, auch im Gegensatz zu den Muscheln, ein einfaches Schloß, das aus zwei
Zähnen in der Stielklappe und entsprechenden Gruben in der Armklappe besteht. Die
Öffner-Muskeln müssen entsprechend hinter den Zahngruben der Armklappe ansetzen,
um die Schale aufzuklappen. Wichtig für die weitere Systematik ist außer der Schalen-
struktur das Armgerüst. Es kann ganz fehlen oder aus einfachen Platten bestehen, die
die Basis für den Ansatz der Kiemenarme bilden, oder als Fortsatz in den Körper
hineinragen. Im einfachsten Falle sind es kurze, hakenförmige Fortsätze (Cruren).
Diese können verlängert zu einfachen oder doppeltgeführten Schleifen werden (Fig. 38),
und schließlich zu Spiralen aufgerollt sein, die entweder nach den Seiten gerichtet sind
oder nach oben in die Armklappe hinein. Durch diese Möglichkeiten wird natürlich
auch die äußere Form der Schale bestimmt. Sie kann äußerlich glatt oder mit Rippen
besetzt sein. Viele zeigen eine Faltung des Stirnrandes, die sog. Wulst-Sinusbildung.

Es sollen einige der wichtigsten Gattungen, nicht nur aus dem Devon, hier vorgestellt
werden, um die Mannigfaltigkeit der Formen zu zeigen. Wir beschränken uns darauf,
den Typus der betreffenden Gattung darzustellen, also keine bestimmte Art. Zu den
Brachiopoden ohne eigentliches Armgerüst, nur mit einer Basalplatte, gehören Orthis
(Silur), Leptaena (Ordovizium bis Unterkarbon), Stropheodonta (Silur bis Devon) und
Productus (Karbon und Perm). Orthis (Fig. 39, 1) ist bikonvex, mit kräftigen radialen

Rippen und einem geraden Schloßrand, der deutlich vom Wirbel überragt wird. Sie steht der Stammgruppe der übrigen artikulaten Brachiopoden nahe. Auch Leptaena, Stropheodonta und Productus besitzen einen geraden Schloßrand, aber die Armklappe ist flach oder konkav. Leptaena (Fig. 39,2) ist außerdem durch konzentrische Falten und den scharfen Knick gekennzeichnet, der von der normalen Schalenwölbung zum Stirnrand

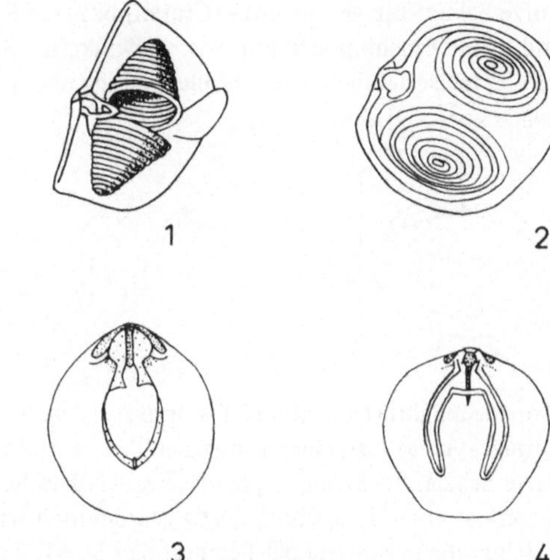

Fig. 38
Armgerüst der Brachiopoden; 1. spiralig nach den Seiten; 2. spiralig in die Armklappe hinein; 3. schleifenförmiges; 4. Doppelschleife (Aus: [3]).

führt. Bei Productus (Fig. 40,1) wird der Schloßrand durch einen breiten, hohen Wirbel überragt; die Schalenskulptur kann radial, konzentrisch oder beides sein. Viele Productiden besaßen Stacheln, die aber nach dem Tode des Tieres meist abbrechen. Zu

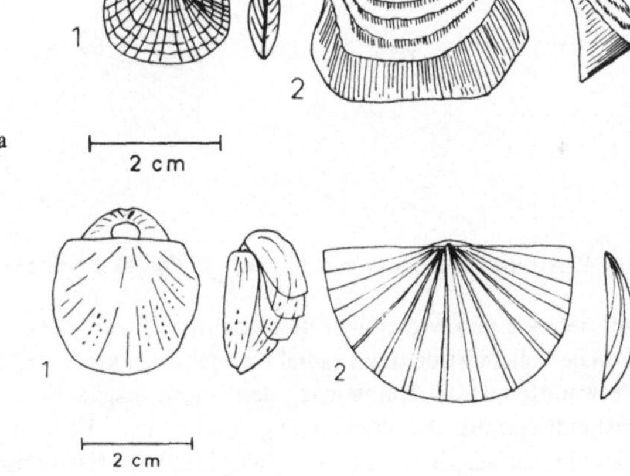

Fig. 39
1. Orthis aus dem Silur; 2. Leptaena aus dem Devon der Eifel.

Fig. 40
1. Productus (Karbon bis Perm); 2. Stropheodonta aus dem Unterdevon der Eifel.

ihrer Verwandtschaft gehört eine aberrante Form des warmen Wassers der permischen Tethys, Richthofenia. Bei ihr ist die Stielklappe festgewachsen und korallenähnlich, kelchförmig verlängert, während die Armklappe nur noch einen Deckel darstellt. Der Biotop muß auch dem der Korallen ähnlich gewesen sein. Wir kennen solche „konvergenzen", (durch gleiche Lebensweise bedingte Ähnlichkeit sonst nicht näher verwandter Gruppen), auch bei den Muscheln der Kreide (s. Abschn. 13.2).

Kurze hakenförmige Fortsätze (Cruren) besitzen Rhynchonella und Verwandte. Es sind kleine Brachiopoden mit einem gewinkelten Schloßrand, einem kleinen, spitzen Wirbel, meist deutlicher Wulst-Sinusbildung und kräftiger, radialer Berippung (Fig. 41, 3).

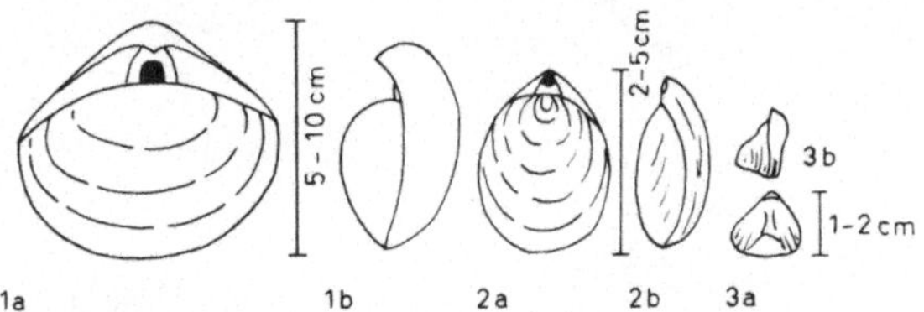

Fig. 41
1. Stringocephalus, Mitteldevon der Eifel; 2. Terebratula, i. w. S. Trias bis heute; 3. Rhynchonella i. w. S. Ordovizium bis heute; jeweils a von der Armklappe aus; b von der Seite.

Stringocephalus (Devon) und Terebratula (i. w. S. Trias bis heute) haben ein schleifenförmiges Armgerüst, einen gebogenen Schloßrand mit kräftigem Wirbel und meist eine glatte Schale. Bei Stringocephalus (Fig. 41, 1 Eulenkopf, wichtiges Leitfossil des Mitteldevon) ist unter dem schnabelartig gekrümmten Wirbel deutlich ein dreieckiges Stielloch zu sehen, während bei Terebratula Fig. 41, 2 das runde Stielloch direkt am Wirbel sitzt.

Die differenzierteste, aber auch kurzlebigste Gruppe der Brachiopoden sind die Spiriferida mit dem spiraligen Armgerüst. Nach kurzer Anlaufzeit im Silur erreichen sie im Devon ihre größte Verbreitung und nehmen von da an stetig ab, bis sie im unteren Jura endgültig aussterben. Bei Atrypa (Fig. 42) schwingt sich die Spirale nach oben in die Armklappe hinein; das bedingt, daß diese hochgewölbt ist, während die Stielklappe

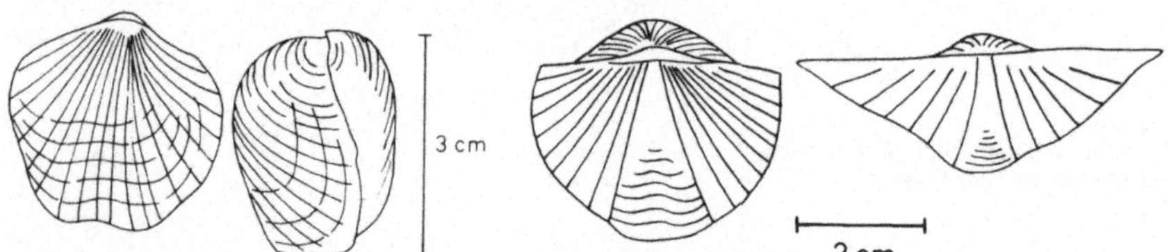

Fig. 42 Atrypa aus dem Devon der Eifel.   Fig. 43 2 typische Spiriferen aus dem Devon der Eifel.

mit dem kleinen Wirbel über dem leichtgeschwungenen Schloßrand nur schwach konvex ist. Die Schale ist deutlich radial und schwach konzentrisch berippt. Bei Spirifer und Verwandten ist die Spirale nach den Seiten ausgedehnt, wodurch die geflügelte Form zustandekommt. Die alte Gattung S p i r i f e r ist heute in viele Gattungen, ja sogar Familien aufgespalten, die nur von Spezialisten bestimmt werden können. In Fig. 43

wurde eine Normalform aus dem Unterdevon und eine stark verlängerte aus dem Mitteldevon vorgestellt. Bei Cyrtina Fig. 44, 2 (Oberdevon) wird der gerade Schloßrand von
einem hohen Wirbel überragt, unter dem ein schmales, dreieckiges Stielloch liegt. Und
Uncites (Mitteldevon) Fig. 44, 1 weicht von der Spiriferengestalt stark ab, da er einen

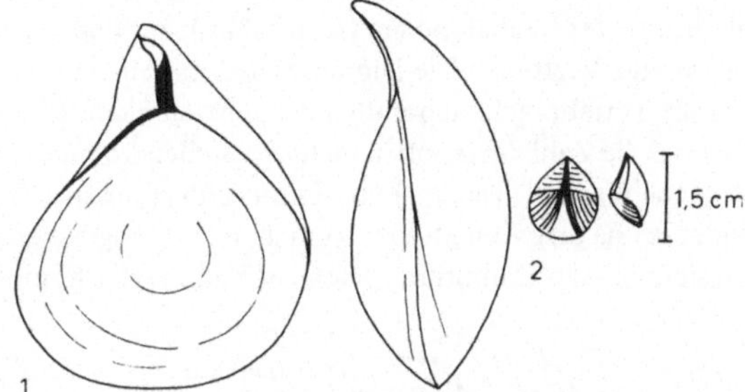

Fig. 44
1. Uncites, 2. Cyrtina aus dem
Devon der Eifel.

gebogenen Schloßrand besitzt, der von einem extrem hohen, stark gekrümmten Wirbel
überragt wird; unter dem Wirbel befindet sich ein großes dreieckiges Stielloch.

Beobachten wir in Fig. 45 die Entwicklung der wichtigsten Gruppen der Brachiopoden
in der Erdgeschichte, bemerken wir die schon früher erwähnte Tatsache, daß die ein-

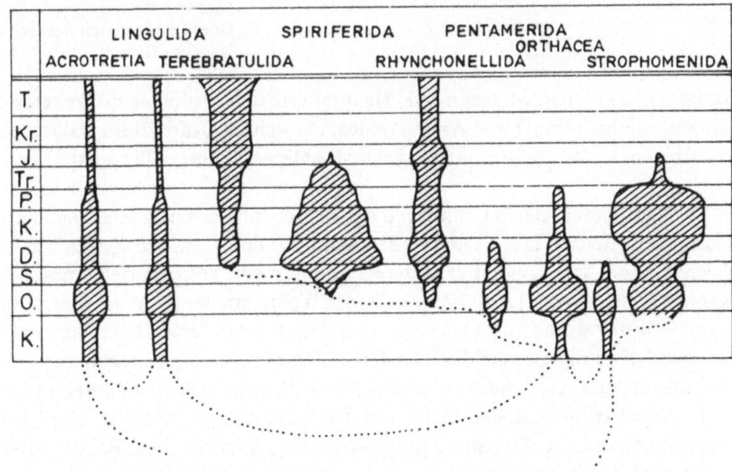

Fig. 45 Zeitliche Verbreitung und entwicklungsgeschichtliche Zusammenhänge der
wichtigsten Ordnungen der Brachiopoden (Aus: [3]).

fachen, primitiven Formen, wie die Linguliden, ziemlich unverändert durch die Jahrmillionen laufen, ohne je große Bedeutung zu erlangen, während die differenzierten,
in viele Familien, Gattungen und Arten aufspaltenden Gruppen, wie die Stropheo-
dontiden oder die Spiriferiden, sich schnell stark ausbreiten, aber auch schnell, meist

nachkommenlos aussterben. Die Rhynchonelliden und Terebratuliden liegen, was
Differenzierung und geologische Bedeutung anbelangt, dazwischen.

8.2. Cephalopoda I

Die Klasse der Cephalopoden (Kopffüßler), aus dem Stamme der Mollusca, besitzt heute
nur wenige Vertreter: Die Dibranchiaten mit einem inneren (Tintenfische, Kraken u. a.)
und die Tetrabranchiaten mit einem äußeren Skelett (Nautilus). Da wir am fossilen
Material die Zahl der Kiemen nicht feststellen können, müssen wir entsprechend in
Endocochlia (Innenskelett) und Ectocochlia (äußeres Skelett) gliedern. Während die
Endocochlia erst vom Mesozoikum an Bedeutung haben, kennen wir die Ectocochlia
seit dem oberen Kambrium. Nach Ausbildung der Kammerscheidewände (Fig. 46)

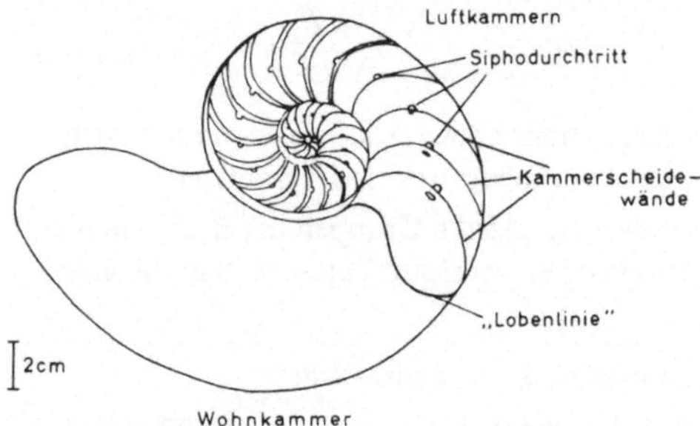

Fig. 46
Querschnitt durch das Gehäuse von
Nautilus (rezent).

und des Sipho teilen wir sie in zwei Hauptgruppen, Nautiloidea im weiteren Sinn
(Kambrium bis rezent) und Ammonoidea, die sich im Ordovizium wahrscheinlich aus
ersteren entwickelt haben und am Ende des Mesozoikums völlig aussterben.

8.2.1. Nautiloidea. Beide Ordnungen der Ectocochlia besitzen eine vom Mantel aus-
geschiedene Schale, in die das Tier den Kopf mit den Armen zurückziehen kann. Beim
Wachstum des Tieres wird der hintere Teil durch eine vom Mantel abgeschiedene
Kammerscheidewand (auch Septe) von der Wohnkammer getrennt. Die zurückliegenden
Kammern sind durch einen Gewebestrang (Sipho) mit dem Tier verbunden. Die
Kammern sind mit Gas gefüllt, dessen Druck durch den Sipho reguliert werden kann,
und dienen zum Auf- und Abtrieb des Tieres. Bei den Nautiloidea sind die Septen einfach rückwärts gebogen und bilden mit der Außenwand eine glatte oder leicht
geschwungene Linie. Der Sipho liegt in der Mitte oder randlich. Bei den ältesten
Formen ist das Gehäuse gerade gestreckt, wird aber in verschiedenen Stammlinien
gekrümmt bis zur Aufrollung in einer ebenen Spirale, wie bei Nautilus. Für die
Systematik der Nautiloideen sind Ausbildung und Lage des Siphos und die Durchtritts-
stelle durch die Septen (Siphonaldüten) von großer Bedeutung. Sie sind naturgemäß
nur in Längsschliffen zu erkennen, und zur groben Bestimmung muß man die äußere
Form des Gehäuses benutzen und sich dabei vor Augen halten, daß gerade hier die
H o m ö o m o r p h i e sehr groß ist, d. h. daß eine äußerlich ähnliche Gestalt von

mehreren entwicklungsgeschichtlich unterschiedenen Gruppen erreicht wird, die nach inneren Merkmalen in verschiedene Familien usw. gestellt werden müssen. Die äußere Form ist sehr vielfältig, und in Fig. 47 sollen einige Typen vorgestellt werden.

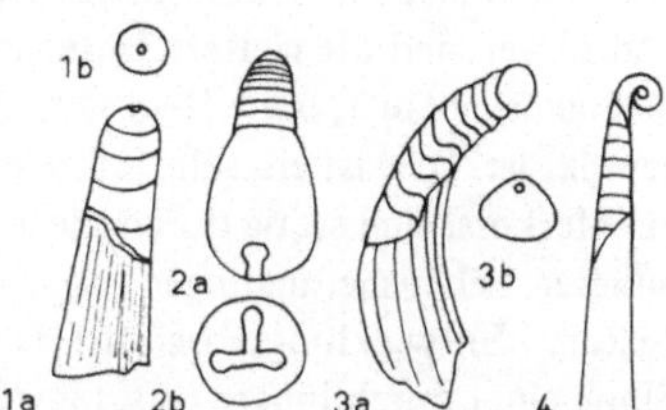

Fig. 47
Nautiloideen; 1. „Orthoceras" Ordovizium bis Trias, im hinteren Teil die Schale abgelöst, um die Kammerung zu zeigen, 1b von hinten mit dem zentralen Siphodurchtritt; 2. Gomphoceras, Silur, 1b von vorn mit der eingeschnürten Mündung, 3. „Cyrtoceras" Ordovizium bis Devon, sonst wie 1; 4. Lituites, Silur.

Orthoceras (G e r a d h o r n) hat ein langgestrecktes konisches Gehäuse, der Sipho liegt in der Mitte. Die Orthoceraten i. w. S. haben ihre Blüte im Ordovizium und Silur und sterben in der Trias aus. Von ihnen leitet man sowohl die Ammonoidea, als auch die Dibranchiaten ab. Gerade, aber kurz, mit einer starken Verengung der Mündung ist Gomphoceras aus dem Silur. Beim erwachsenen Tier bleibt nur eine schmale T-förmige Öffnung, bei der aus dem Querbalken oben die Arme und aus dem unteren Teil der Trichter herausragt. C y r t o c e r a s zeigt eine Krümmung, und der Sipho liegt am Rand. Lituites ist anfangs aufgerollt, später wachsen die Kammern gerade weiter. Wir haben hier wahrscheinlich ein Beispiel für P r o t e r o g e n e s e, d. h. die neuen Merkmale treten hier frühontogenetisch auf, während in der weiteren Entwicklung die ursprüngliche Form sich wieder durchsetzt (s. Abschn. 16.4). Von den aufgerollten Formen ist Nautilus, i. e. S. ab Jura, i. w. S. ab Oberdevon am wichtigsten.

8.2.2. Ammonoidea. Während bei den Nautiloideen die Entwicklung des Sipho das wichtigste systematische Merkmal der fossilen Formen ist, bleibt dessen Ausbildung bei den Ammonoideen wenig differenziert. Bei ihnen stellt die L o b e n l i n i e, d. h. die Berührungslinie der Kammerscheidewände mit der Außenwand des Gehäuses, das entwicklungsträchtigste und deshalb brauchbarste Merkmal dar. Bei den paläozoischen

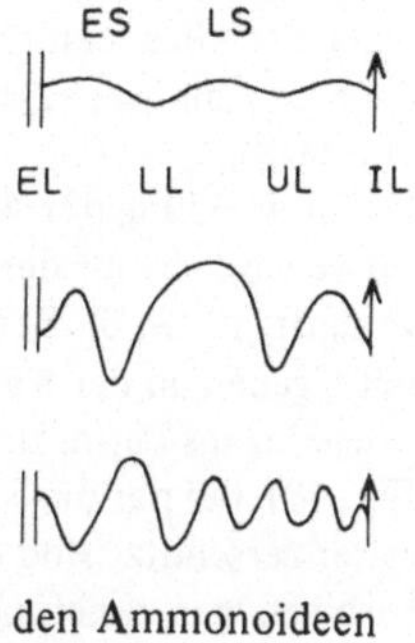

Fig. 48
Entwicklung der Lobenlinie bei den Goniatiten; oben im Mitteldevon unten im Karbon; ES = Externsattel, LS = Lateralsattel, EL = Externlobus, LL = Laterallobus, UL = Umbilicallobus, IL = Internlobus; Erläuterung im Text.

Nautiloideen ist sie eine glatt um das Gehäuse laufende Linie. Bei den Ammonoideen wird der äußere Teil der Kammerscheidewand im Laufe der Zeit immer stärker gefaltet, wodurch die Lobenlinie einen immer enger bogenförmigen Verlauf bekommt (Fig. 48).

Die nach vorn verlaufenden Krümmungen nennt man S ä t t e l , die nach hinten
gebogenen L o b e n . Der biologische Vorteil der Lobenlinie war wohl eine Versteifung
des Gehäuses (Wellblechtechnik). Wie weit dies bei der späteren extrem engen Fältelung
noch ein Vorteil bedeutet, bleibt fraglich. Wichtig ist, daß die Einfügung neuer Sättel
und Loben und die weitere Unterteilung dieser Elemente nach einer erkennbaren Gesetzmäßigkeit abläuft, ohne Rücksicht auf die äußere Gestalt, die wohl von der Lebensweise
geprägt ist. Dies ist ein sehr interessantes paläontologisches Problem. Wir beobachten
ein Merkmal sich stetig durch die Jahrmillionen entwickeln, unabhängig von den
äußeren Lebensbedingungen, ohne einen erkennbaren Auslesevorteil zumindestens im
späteren Entwicklungsabschnitt. Dies führte zum Begriff der O r t h o g e n e s e im
Sinne einer durch innere Gesetzmäßigkeiten bedingten gradlinigen Entwicklung
(s. Abschn. 16.5). Die moderne Abstammungslehre lehnt diesen Begriff ab, da er
unseren Vorstellungen von Vererbung und Auslese widerspricht. Damit bleibt aber das
Problem offen im Raum stehen.

Da Ort und Art der Einschaltung neuer Elemente in die Lobenlinie in den einzelnen
Familien verschieden ist, kann man nach der Entwicklung der Lobenlinie die Verwandt-
schaftsgrade und phylogenetischen Linien der Ammoniten ablesen. Natürlich geht die
Entwicklung der Gehäusegestalt (Art der Aufrollung, Skulptur usw.) dazu parallel,
aber unabhängig davon.

Die Entwicklung der Lobenlinie ist ein Beispiel für die sog. P a l i n g e n e s e , d. h.
neue Merkmale werden auf spät-ontogenetischen Stadien angelegt und rücken im
Lauf der Entwicklung auf immer frühere (s. Abschn. 16.3). Die Einschaltung neuer
Loben, meist in der Nähe des Nabels, beginnt z. B. bei der 5. Kammerscheidewand. Im
Lauf der nächsten Generationen beginnt diese Einschaltung schon bei der 4., im Laufe
weiterer Generationen bei der 3. usw.

Um die Lobenlinie einfach darstellen zu können, denkt man sich die Gehäusewand
innen aufgeschnitten und in die Ebene geklappt (Fig. 48). Da beide Seiten rechts und
links des Sipho (Doppellinie) spiegelsymmetrisch sind, kann man die linke Hälfte weg-
lassen. Die Linie geht dann vom außenliegenden Sipho über die Flanke zur Umbiegungs-
stelle am Nabel (einfache Linie) und weiter zur Innenseite (Pfeil, der zur Mündung
zeigt). Die einzelnen Sättel und Loben werden nach ihrer Lage mit großen Buchstaben
und eventuell Indexzahlen bezeichnet (E = extern, L = lateral, U = umbilical (Nabel),
I = intern).

Die Entwicklung der Ammonoideen geht in mehreren „Schüben" vor sich (Fig. 113),
von denen hier nur der 1. (Devon bis Perm) besprochen werden soll. Es sind die
Goniatiten i. w. S.. Beginnend im unteren Devon, erreichen sie im oberen Devon ihre
Blüte, gehen an der Karbongrenze etwas zurück und existieren in gleichbleibender
Menge bis ins Perm. Ihr Kennzeichen ist die g o n i a t i t i s c h e L o b e n l i n i e
(Fig. 48), bei der die Sättel und Loben mehr oder weniger geschwungen, aber nicht
weiter zerschlitzt sind (von einigen Ausnahmen abgesehen) und an Zahl und Grad der
Ausbiegungen zunehmen. Die Schale ist meist glatt, die Aufrollung mehr oder weniger
i n v o l u t , d. h. die äußeren Windungen umfassen die älteren, inneren; nur die
Nebenform der Clymenien des Oberdevon, die als einzige Ammonoideen einen innen

liegenden Sipho besitzen, sind meist e v o l u t , d.h. die Windungen legen sich aneinander, so daß auch die älteren Windungen von außen zu sehen sind (Fig. 49).

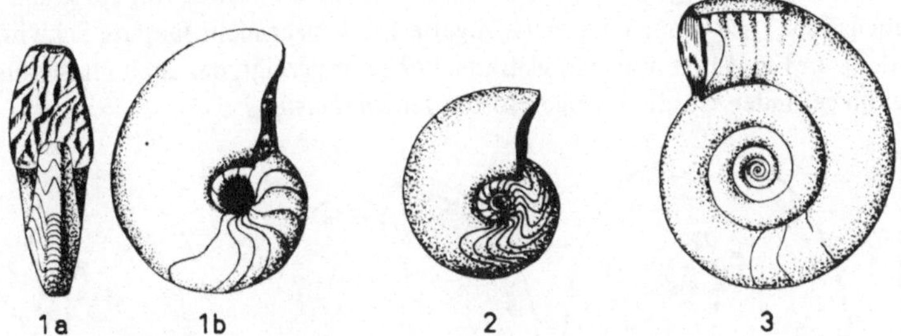

Fig. 49 2 Goniatiten; 1. Agoniatites, Mitteldevon mit wenig geschwungener Lobenlinie, 2. Manticoceras, Oberdevon, mit stärker geschwungener Lobenlinie; 3. Clymenia aus dem Oberdevon (Seitenzweig) (Aus: [3]).

8.3. Fische

Das Devon bringt eine erste große Entfaltung der Fische. Die ältesten Reste stammen zwar schon aus dem oberen Ordovizium, aber erst im oberen Silur werden sie häufiger. Der Unterstamm Pisces wird in 4 Klassen geteilt, die alle aus dem Devon bekannt sind, von denen eine auf das Paläozoikum beschränkt ist, eine andere (Agnatha) nur im Paläozoikum und rezent vorkommt:

Agnatha (Kieferlose), Ordovizium bis Oberdevon, rezent;
Asphetohyoidea (Panzerfische), Obersilur bis Unterperm;
Chondrichthyes (Haie i. w. S.), Mitteldevon bis rezent;
Osteichthyes (Knochenfische), Unterdevon bis rezent.

8.3.1. Agnatha. Die ältesten Fische und damit Wirbeltiere überhaupt, sind die Agnatha. Ihre Herkunft läßt sich paläontologisch nicht nachweisen. Ihre Blüte haben sie an der Silur-Devon-Grenze, und im Devon sterben sie aus. Sie können nicht die Vorfahren der übrigen Fische sein, da diese auch schon damals auftreten. Die gemeinsamen Vorfahren müssen im Ordovizium liegen, wo nur isolierte Panzerplatten bekannt sind, die nicht näher bestimmt werden können. Sie unterscheiden sich von allen anderen Vertebraten durch das Fehlen des Kieferapparates. Im Gegensatz zu den heutigen Vertretern, Neunauge (Petromyzon) und Schleimfisch (Myxine), zu denen sich keine Verbindungen von den paläozoischen Formen ziehen lassen, haben diese einen schweren Kopf- oder Kopfbrustpanzer.

Auf dem Kopfschild (Fig. 50) sehen wir zwei Augen, ein S c h e i t e l a u g e , eine unpaarige Nasengrube und ein dorsales und zwei laterale Felder, die nach ihrer Struktur als elektrische Organe gedeutet werden. An der Unterseite sind außen, außer dem Maul, 10 Paar Kiemenöffnungen zu bemerken. Im Inneren des Schildes findet man, wie Fig. 50, 3 zeigt, ein gut entwickeltes Gehirn. Der hintere Teil des Körpers war fisch-

ähnlich, bedeckt mit Knochenschuppen. Die Schwanzflosse war heterozerk, d. h. der
eine Lappen, gestützt durch die Wirbelsäule, bei den Agnathen meist nach unten
gerichtet, war kräftig entwickelt, der andere schwach. Dies deutet auf gründelnde
Lebensweise, wie ja auch der meist abgeflachte Panzer nicht für gute Schwimmfähigkeit
spricht. In Fig. 51 ist noch ein weiterer Vertreter gezeigt, der auch im rheinischen
Devon gefunden wurde. Paarige Flossen fehlen meistens.

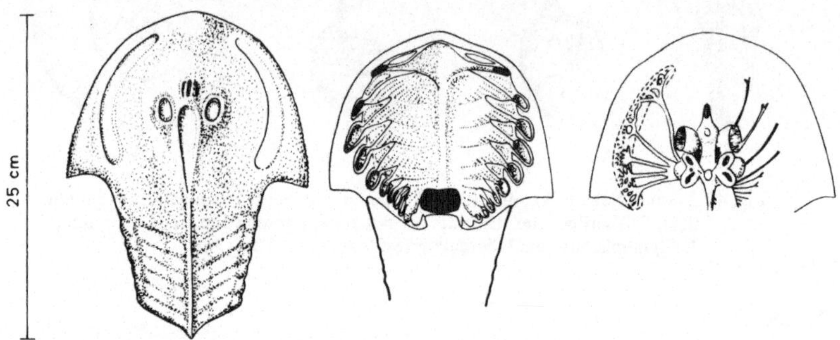

Fig. 50 Kopfpanzer von Kiaeraspis (Obersilur bis Unterdevon), 1 von oben, 2 von unten,
3 Innenausguß des Gehirns (Nach Stensiö aus: [6]).

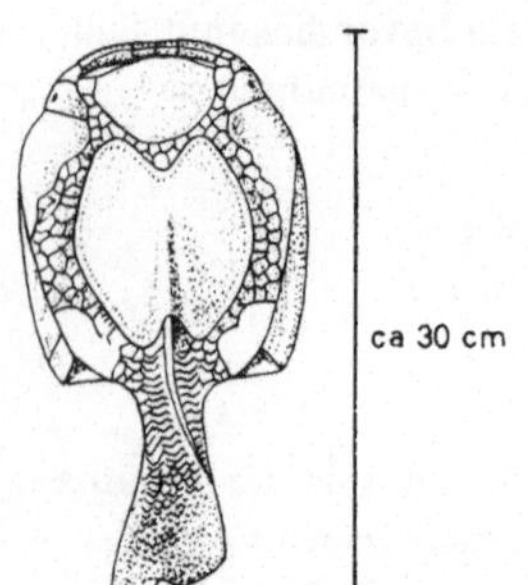

Fig. 51
Drepanaspis aus dem Devon, von oben (Nach Heintz
aus A. S. Romer: [6]).

8.3.2. Asphethohyoidea. Die Asphethohyoidea haben ihre Hauptverbreitung im Devon.
Zu ihnen gehören die ebenfalls schwergepanzerten Placodermen und die Acanthodier
oder Stachelhaie. Der embryologische Befund an heutigen Haien, daß nämlich der
Kieferapparat von den Kiemenbögen abzuleiten ist, läßt sich an günstigen Funden z. B.
von Acanthodes, bestätigen. Die Acanthodier sind ungepanzert, auf dem Kopf tragen
sie keine großen Deckknochen, sondern der Körper ist mit kleinen Knochenschuppen
ähnlich denen der Osteichthyes, bedeckt. Nur die Flossen sind durch kräftige Dornen
abgestützt. Es sind meist mehr als nur 2 Paar von paarigen Flossen entwickelt;
Climatius (Fig. 52) diene als Beispiel für diese Gruppe.

Die Placodermen ähneln den agnathen Panzerfischen, doch ist meist der Kopf- vom

Brustpanzer durch ein mehr oder weniger bewegliches Scharnier getrennt. Paarige Vorderflossen sind immer vorhanden, können aber ziemlich starr mit dem Kopfpanzer verbunden sein. Der Schwanz ist heterozerk, aber nach oben gerichtet. Von besonderem Interesse ist, daß bei einigen der Panzer Abdrücke von sackartigen Ausstülpungen des

Fig. 52
Climatius, ein Stachelhai aus dem oberen Silur
und Unterdevon (Nach Colbert: [2]).

Schlundes zeigt, die als Lungen gedeutet werden, die dann schon eine sehr alte Entwicklung sein müßten. Als Beispiel diene Botriolepis (Fig. 54) mit noch wenig beweglichem Kopf- Brustpanzer und Dinichthys (Fig. 53), bei dem der Brustpanzer schon stark reduziert ist. Er ist mit 8 m Länge der größte Fisch dieser Zeiten und sicherlich ein starker Räuber.

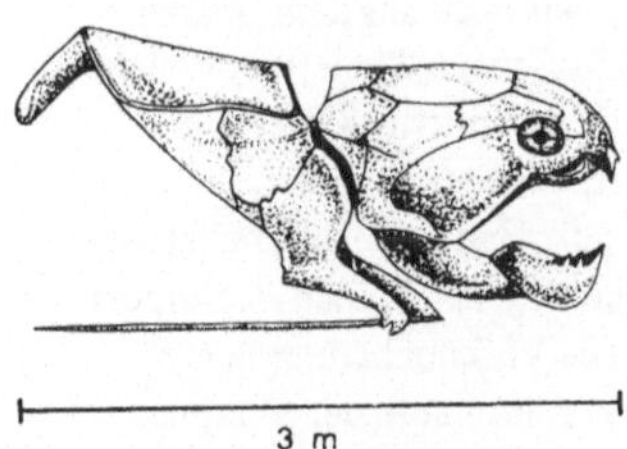

3 m

Fig. 53 Kopf- und Brustpanzer von
Dinichthys aus dem Devon
(Nach Heintz aus A. S.
Romer: [6]).

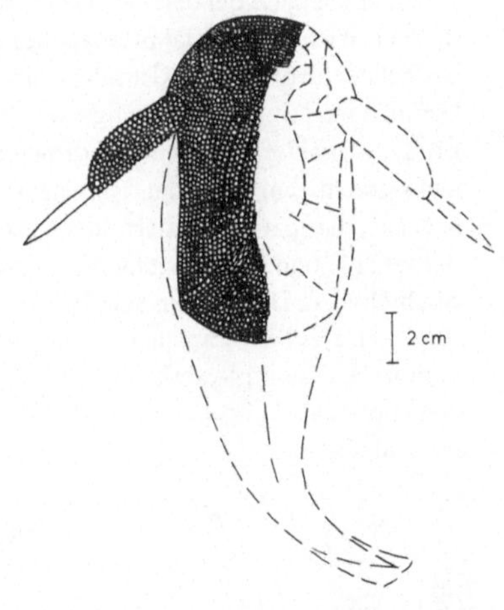

Fig. 54
Kopf- und Brustpanzer von
Botriolepis (rechte Hälfte
ergänzt).

8.3.3. Chondrichthyes. Die Klasse der Chondrichthyes, der Knorpelfische, heute vertreten durch Haie und Rochen, beginnt im Devon und hat ihre erste Blüte im Unterkarbon. Dann nimmt sie bis Ende des Paläozoikums stetig ab. In der Trias entfalten sich moderne Formen, die in der Kreide eine neue Blüte haben und bilden seitdem einen bedeutsamen Anteil der Meeresfauna bis heute. Charakteristisch ist das meist knorpelige Skelett und die von Hautzähnen abzuleitenden Zähne mit gelegentlich unbegrenztem Zahnwechsel. Die Zähne finden sich als härteste Teile dieses Körpers oft in Sedimenten angereichert (Fig. 55). Die Haie waren immer räuberische Meeresbewohner, und schon oberdevonische Formen, wie Cladoselache (Fig. 56), waren den heutigen Haien sehr ähnlich. Die kleinere Ordnung der Rochen ist erst seit dem Malm bekannt.

8.3.4. Osteichthyes. Zur Klasse der Osteichthyes, der Knochenfische, gehört die große Vielfalt der Fische des Meeres und des Süßwassers. Sie läßt sich in drei Unterklassen einteilen, die alle 3 schon seit dem Devon bekannt sind. Die Actinopterygii, die Dipnoi (Lungenfische) und die Crossopterygii. Sie sind im Süßwasser entstanden und erst im Laufe der Zeit, mit Ausnahme der Lungenfische, immer stärker ins Meer eingewandert.

Fig. 55 Einige Haifischzähne aus
der Kreide von Aachen.

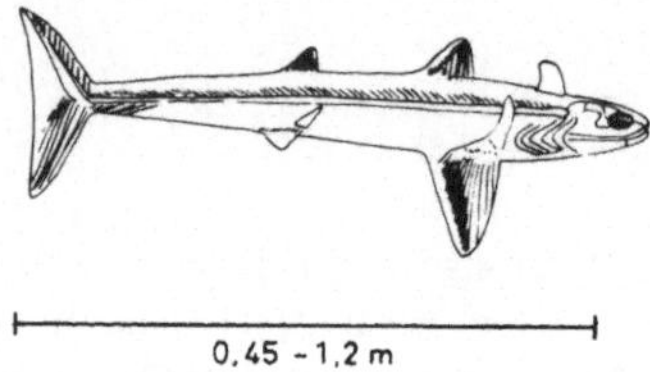

Fig. 56 Cladoselache, ein devonischer
Hai (Nach Haris und Dean aus: [6]).

Die ungeheure Mannigfaltigkeit der Formen, die wir in Anpassung an die unterschiedliche Lebensweise bei den heutigen Fischen sehen, kennen wir auch aus dem fossilen Befund. Wichtigstes paläontologisches Merkmal ist das verknöcherte Skelett, vor allem das Schädeldach, das im Grundprinzip dem der Tetrapoden entspricht. Kiefer und Gaumendach sind mit ursprünglich spitzen Zähnen besetzt, die aber nach der Ernährungsweise auch andere Formen annehmen können; die Haut ist ursprünglich mit mehrschichtigen, von einer Schmelz- (Ganoin-) Schicht überzogenen Knochenschuppen bedeckt, die später reduziert oder ganz verloren werden. Die Verknöcherung der Wirbelsäule und Verdrängung der Chorda dorsalis nimmt erst im Laufe der Stammesgeschichte zu. Die Flossen sind bei den drei Unterklassen sehr verschieden gestaltet (Fig. 57). Der Schwanz, ursprünglich heterozerk, wird im Laufe der Entwicklung homozerk oder diphyzerk (Fig. 58). Sie besitzen Ausstülpungen des Schlundes, die bei den Dipnoi als Lungen, bei den Actinopterygii zumindest heute, als Schwimmblase funktionieren.

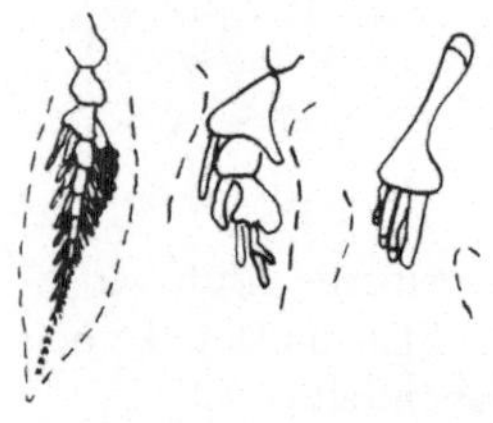

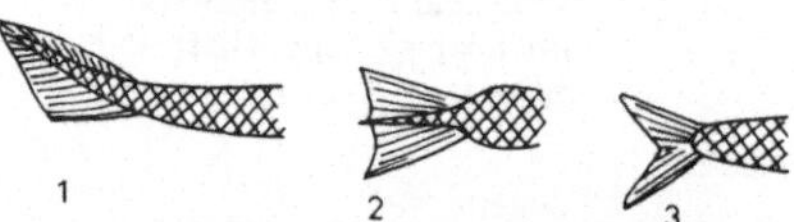

Fig. 58 Entwicklung der Schwanzflosse bei den
Knochenfischen; 1. Heterozerk (ursprünglich), 2. Homozerk, häufig bei
Dipnoi und Crossopterygii; 3. Diphyzerk,
bei modernen Actinopterygii.

Fig. 57
Knochengerüst der paarigen
Flossen der Knochenfische;
1. Lungenfisch, 2. Eustenopteron, ein Crossopterygier,
3. primitiver Actinopterygier
(Polypterus) (Aus [6]).

Äußerlich sehen sich die Vertreter der drei Unterklassen im Devon noch sehr ähnlich.
Ihre Bedeutung und weitere Entwicklung ist aus Fig. 59 zu entnehmen. Da die heutigen
Fische einem Biologen wohl bekannt sind, soll darauf nicht näher eingegangen werden.
Interessant ist, daß die Lungenfische, deren devonische Vertreter in den Flüssen und
Seen des Old Red Kontinents (s. Abschn. 8.5,) leben, heute nur noch auf der Südhalbkugel verbreitet sind. Dort können sie erst in der Trias eingewandert sein, da im Perm
die damals zusammenhängenden Süd-
kontinente eine Vereisung erlebten
(s. Abschn. 10.2), die Lungenfische wohl aber seit ihrer Entstehung
ihren Biotop nicht geändert haben.

Da die Crossopterygii die Stammes-
gruppe der Tetrapoden stellen, soll
eine Gattung, die der Wurzel der
Landwirbeltiere wohl am nächsten
steht, näher beschrieben werden.
Eustenopteron (Fig. 60 und 61)
weicht von dem in Fig. 59 unten
Mitte abgebildeten, sehr häufigen
Osteolepis vor allem durch die
diphyzerke Schwanzflosse ab. Die
paarigen Q u a s t e n f l o s s e n
mit ihrem kräftigen „Stiel"
ermöglichten es wahrscheinlich
diesen Fischen auf dem semiariden
Old Red Kontinent, beim Austrocknen ihrer Gewässer diese zu
verlassen und zu perennierenden
zu wandern, im Gegensatz zu den
heutigen Lungenfischen, die sich
im Schlamm eingraben, um die
Trockenperioden zu überwinden.
Die stützenden Knochen dieser
Flossen lassen sich recht gut mit

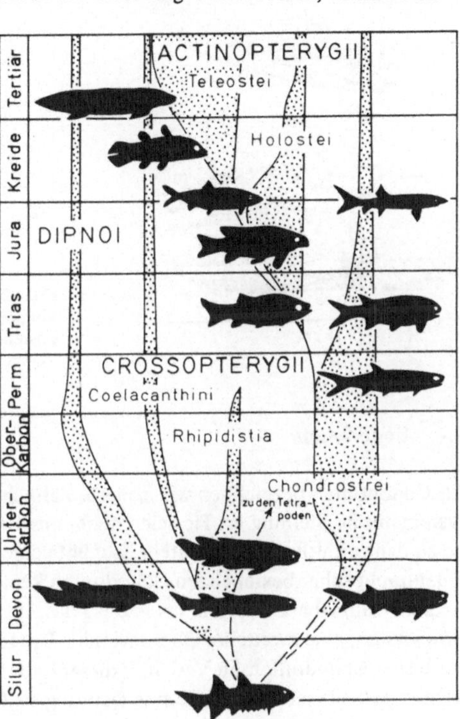

Fig. 59 Entwicklung der Knochenfische.

denen der Tetrapodenextremität homologisieren (Fig. 62); ebenso ein Großteil der
Knochen des Schädeldaches. Die Wirbelsäule war nur teilweise verknöchert. Die
Zähne zeigen schon den l a b y r i t o d o n t e n Querschnitt durch Einfalten des
äußeren Schmelzes, wie ihn die ersten Amphibien (Labyrintodonta) besaßen.

Fig. 60 Eustenopteron, ein Crossopterygier aus dem Devon.

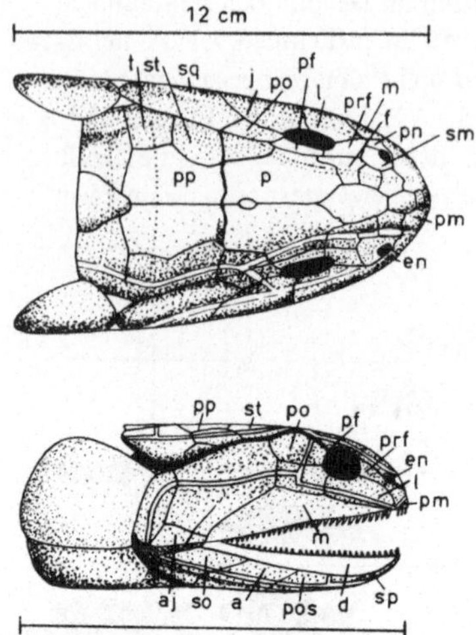

Fig. 61
A. Schädel von Eustenopteron.
B. Schädel von Osteolepis.
Bezeichnung der Knochen, die mit dem Schädel der
Teorapoden zu homologisieren sind; s. Erläuterungen zu
Fig. 80 (Nach Watson, Stensio und Westoll aus: [6]).

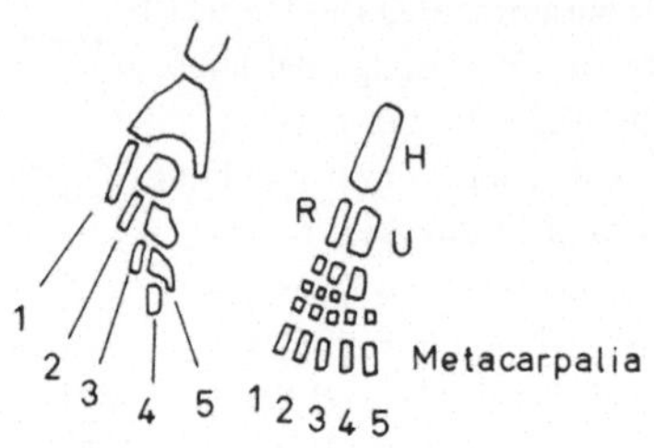

Fig. 62
Vergleich der Stützknochen der Flossen von
Eustenopteron mit einer Tetrapodenextremität und
Versuch der Homologisierung.

8.4. Conodonten

Als Conodonten bezeichnen wir isolierte Zähnchen oder kieferartige Reste, deren
systematische Stellung im Tierreich noch umstritten ist. Die meisten Forscher stellen
sie zu den primitiven Vertebraten. Es müßte eine Gruppe sein, die außer diesen aus
Kalziumphosphat bestehenden Conodonten keine weiteren Hartteile besaß. Sie sind
bekannt vom Oberkambrium bis in die Trias. Ihre erste große Blüte hatten sie im
Ordovizium, eine zweite im Oberdevon bis Unterkarbon. Nur aus dem Karbon kennen
wir bisher Conodonten im Verband; dieser besteht immer aus einer bestimmten Auswahl verschiedener Typen, die eine Deutung als Kiefer- und Kiemenreusenapparat

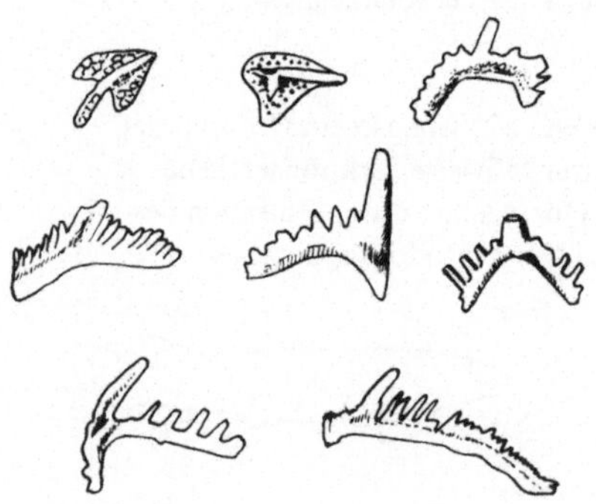

Fig. 63
Verschiedene Typen von Conodonten aus dem
Devon (zusammengestellt von Dr. Kasig, Aachen).

eines fischähnlichen Tieres nahelegen. Fest steht, daß alle diese Elemente i m Körper gelegen haben und die „Zähnchen" nicht zum Beißen oder Kauen dienten. Der Beweis dafür ist einmal, daß das Wachstum von außer her erfolgte, zum anderen, daß sich abgebrochene und wiederverheilte Spitzen finden. Fig. 63 zeigt die wichtigsten Typen, die als Formspezies, -genera und -familien beschrieben werden, d. h. daß nur morphologische Gesichtspunkte eine „Verwandtschaft" bestimmen und nicht biologisch abstammungsmäßige. In Fig. 64 ist eine Conodontengruppe in einem möglichen Zusammenhang dargestellt. In Abschn. 16.1 wird auf das Problem der F o r m s p e z i e s usw. näher eingegangen werden.

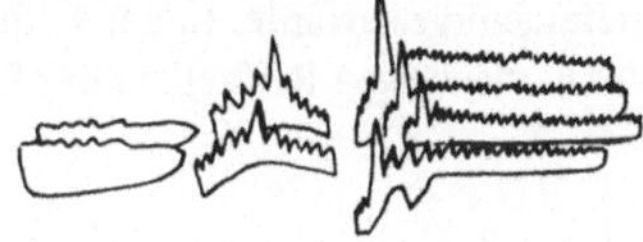

Fig. 64 Conodonten im Verband.

8.5. Verbreitung des Devons

Nach der kaledonischen Gebirgsbildung am Ende des Silurs entstand ein großer Nordkontinent, der Teile von Kanada, Grönland und Nordeuropa umfaßte (Fig. 65). Das Gebirge wurde stark abgetragen, der Schutt in den randlichen Meeren oder auf

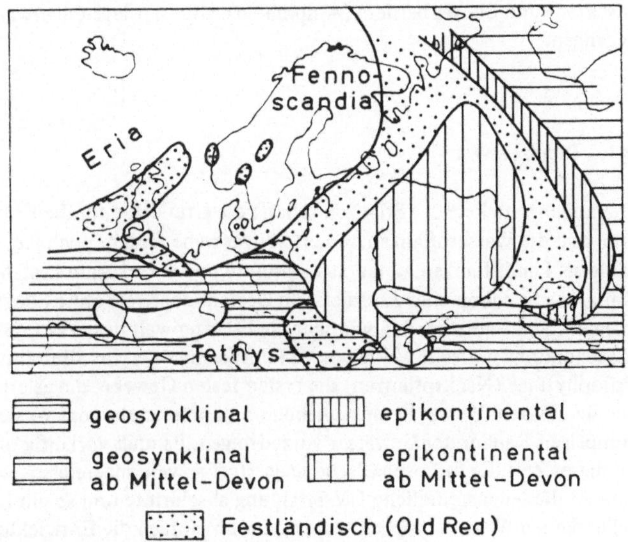

Fig. 65 Paläogeographie des Devons in Europa.

Senkungsfeldern des Festlandes selbst abgelagert, im wesentlichen rote klastische
Sedimente, das sog. Old Red. Es herrschte wahrscheinlich ein semiarides Klima mit
wechselnden Trocken- und Regenzeiten, das die geeignete Umwelt bot zur Entwicklung
von Lungen bei den Fischen und zur Weiterentwicklung einer Linie zu den Landwirbel-
tieren.
In Mitteleuropa bildete sich die variscische Geosynklinale heraus. Im Anfang wurden in
der Hauptsache klastische Sedimente, Schiefer und Grauwacken (bes. Art Sandstein)
abgelagert, später folgten Kalke, auf Schwellen Korallen und Stromatoporenriffe, darin
eine reiche Brachiopoden- und Trilobitenfauna. Den Abschluß bildete die erste Phase
der variscischen Gebirgsbildung, die vor allen Dingen den südlichen Teil des Rheinischen
Schiefergebirges erfaßte. In der Tethys herrschte vorwiegend Kalksedimentation, die
heute in mächtigen Riffkalken der Karnischen Alpen vorliegt.

9.   Karbon

Der Name vom lateinischen Carbo = Kohle deutete darauf, daß in diesem Zeitabschnitt
die größten Steinkohlenlager der Erde entstanden sind. Allerdings sind die meisten auf
den oberen Abschnitt beschränkt. Da sie aus Land- (Sumpf-) pflanzen entstanden sind,
soll die Pflanzenwelt bei dieser Gelegenheit besprochen werden. Da den Pflanzen auch
die Tiere aufs Land folgten, vor allen Dingen die Arthropoden (Skorpione, Spinnen,
Insekten) und die Wirbeltiere (Amphibien), wird auf letztere etwas ausführlicher eingegangen.

9.1. Pflanzenwelt

Die Lebenstätigkeit der Pflanzen schafft die Grundlage für die Entwicklung der Tiere.
Nur sind die Wasserpflanzen, denen Stützgewebe fehlen, noch viel schlechter erhaltungsfähig als Landpflanzen, deren aus Zellulose und evtl. Lignin bestehende Leit- und
Stützgewebe schon eher Abdrücke im Gestein oder verkohlte Substanz hinterlassen
können. So kommt es, daß wir über die Pflanzenwelt des Präkambriums und frühen
Paläozoikums nur sehr wenig wissen (s. Abschn. 4.3). Im Silur entwickelten sich in den
Psilophytinae (Nacktpflanzen) die ersten festen Gewebe, die es erlaubten, die Sporen-
stände aus dem Wasser herauszuheben und immer mehr vom Wasser selbst in die
sumpfigen Ränder der Gewässer vorzudringen. Es muß vorläufig offen bleiben, ob erst
zu dieser Zeit der atmosphärische Sauerstoff soweit angereichert war, daß eine Ozon-
schicht die lebensfeindliche UV-Strahlung abschirmte und so ein Leben außerhalb des
schützenden Wassers möglich wurde oder ob einfach die Entwicklung der Pflanzen
zu den wesentlich komplizierteren Einrichtungen für das Leben an der Luft vorgeschritten
war.

Die Psilophyten, die im Devon herrschten und erst im oberen Devon von den höheren
Gefäßpflanzen abgelöst wurden, bestanden aus dichotom verzweigten blattlosen
Sprossen, die höchstens mit feinen Schuppen bedeckt waren und in einem Sporenstand

Fig. 66
Rhynia, einer der einfachsten Vertreter
der Psilophyten.

gipfelten (Fig. 66). Ihre gabeligen Sproßstücke finden sich massenhaft in manchen
küstennahe abgelagerten feinen Sandsteinen und Schiefern des unteren und mittleren
Devons.

Im Mitteldevon treten schon die ersten Farne, die Schachtelhalme und Bärlappgewächse
auf. Ihre primitivsten Vertreter lassen sich gut von den Psilophyten ableiten; leider
liegen sie meist in schlechter Erhaltung vor. Gute Funde sind auf wenige Fundpunkte
(Schottland, Bäreninsel) beschränkt, wenn auch die Verbreitung dieser Floren über die
ganze Nordhalbkugel bekannt ist. Erst in den Steinkohlenlagern und ihren Begleit-
schichten ist eine reiche Flora von Pteridophyten, zu denen im oberen Karbon die
ersten Gymnospermen kommen, weltweit in gutem Zustand erhalten. Von diesen, die
von jedem Sammler auf Steinkohlenhalden gefunden werden können, sollen die
wichtigsten Formen beschrieben werden.

Von den Lycopodiinen (Bärlappgewächse) sind hauptsächlich Stammstücke mit den
charakteristischen Blattnarben erhalten, während die Blätter einfach sind und keine

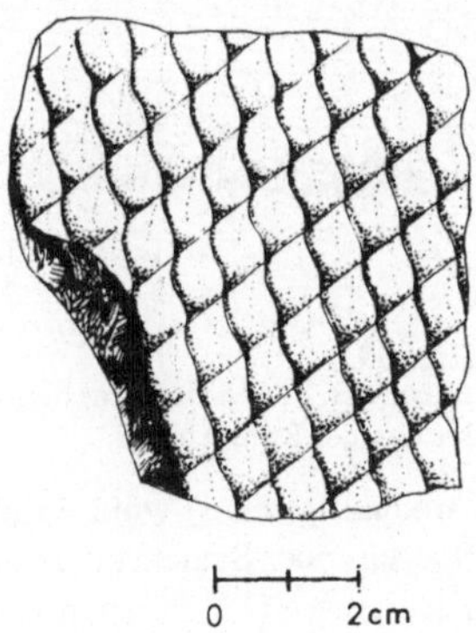

Fig. 67
Lepidodendron, Stammstück aus dem
Oberkarbon des Ruhrgebietes.

0   2 cm

besonderen Merkmale tragen. Sie haben die ursprünglich dichotome Verzweigung
in der Krone und in den Wurzeln beibehalten und werden bis 30 m hoch. Lepidodendron (Fig. 67) zeigt rautenförmige, Sigillaria (Fig. 68) rundliche bis sechseckige Blattnarben. Auch die Schachtelhalme bildeten bis über 20 m hohe Bäume, die den heutigen

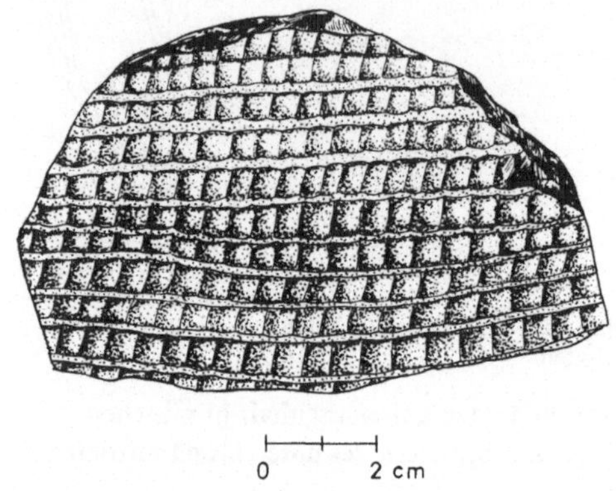

Fig. 68
Sigillaria, Stammstück aus dem
Oberkarbon des Ruhrgebietes.

Schachtelhalmen recht ähnlich sahen. Calamites (Fig. 69) mit den deutlichen Absätzen,
an denen die Leitbündel alternieren, ist ziemlich häufig. Die quirlig stehenden Blätter
verschiedener Schachtelhalmarten sind als Anularia und Sphenophyllum beschrieben
(Fig. 70).

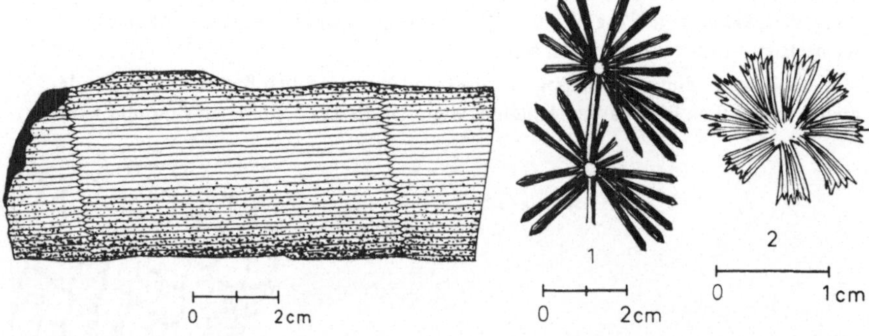

Fig. 69
Calamites, Stammstück aus dem Oberkarbon des Ruhrgebietes.

Fig. 70 1. Annularia, 2. Sphenophyllum,
wirtelig stehende Blätter von ober-
karbonischen Schachtelhalmarten.

Am häufigsten ist wohl Farnlaub, bei dem man, wenn es nicht im Zusammenhang mit
Sporen- oder Samenständen gefunden wird, nicht die echten Farne (Filicines) von den
Farnsamern (Pteridospermae), die zu den Gymnospermen gehören, unterscheiden kann.

Als Vertreter der 3 wichtigsten Blattformen (nach dem Ansatz der Blättchen) seien vorgestellt: Sphenopteris mit gezackten Blättchen, Pecopteris deren Blättchen mit breiter
Basis am Stiel festsitzen und Neuropteris deren Blättchen nur mit der Hauptader am
Stiel befestigt sind (Fig. 71 bis 73). Diese 3 Grundformen werden äußerst verschieden-
artig variiert.

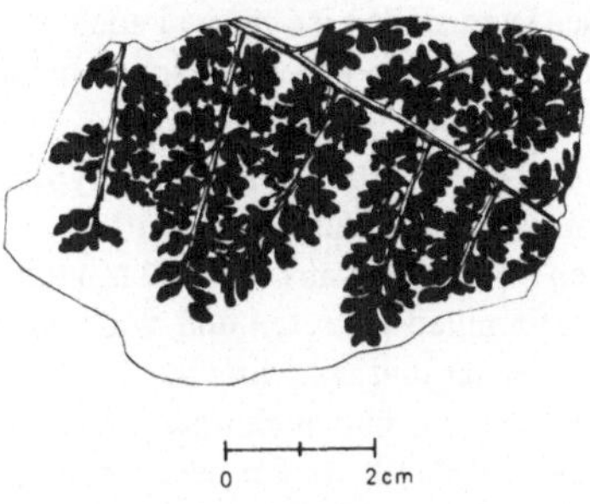

Fig. 71 Teil eines Wedels von Sphenopteris
mit keilförmigen Blättern.

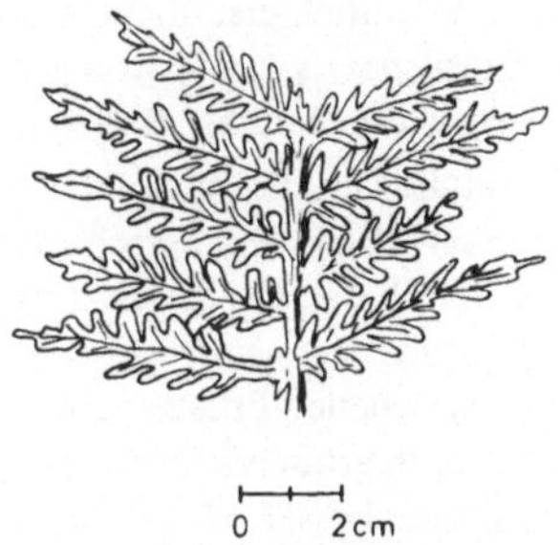

Fig. 72 Alethopteris, Farnlaub mit
pecopteridischem Blattan-
satz aus dem Oberkarbon
des Ruhrgebietes.

Fig. 73
Teil eines Wedels von Neuropteris aus dem Oberkarbon des Ruhrgebietes.

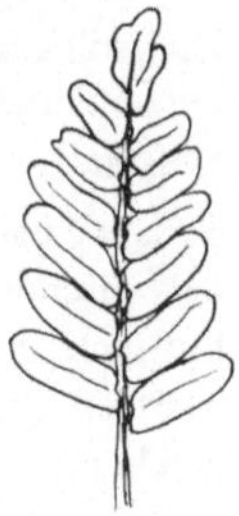

Auch die zu den Gymnospermen gehörigen Cordaiten bildeten hohe
Bäume, deren Verzweigung schon unserem gewohnten Baumbild entspricht. Sie hatten bis zu 1 m lange lanzettliche Blätter und zapfen-
artige, getrennt geschlechtliche Blüten.

All diese Reste finden sich meist in den hangenden Schichten der Stein-
kohlenflöze, während im Flöz selbst nur die widerstandsfähigen Sporen
und Gymnospermenpollen die Kohlebildung überstanden haben.

Im Laufe des Perms treten die im Karbon herrschenden Pflanzenfamilien immer mehr
zurück zu Gunsten der Gymnospermen, die dann die Flora des Mesozoikums bilden.
Viele ihrer Familien sind gegen Ende des Mesozoikums ausgestorben, andere nur durch
einzelne Gattungen in der heutigen Flora vertreten.

So z. B. von den Cycadophyten die Cycadales in den Tropen oder Ginkgo in Ostasien
von den damals weit verbreiteten Ginkgophyten. Nur die auch schon im Perm weit
verbreiteten Nadelhölzer (z. B. Walchia des Kupferschiefers) sind auch heute noch ein
wichtiges Florenelement der gemäßigten und kühlen Zonen.

Da Pflanzenfunde immer auf küstennahe oder limnische (Süßwasser-) Ablagerungen
beschränkt sind, diese aber nur einen geringen Prozentsatz der erhaltenen Sedimente
ausmachen, außerdem die Erhaltungsbedingungen für Pflanzen ungünstig sind, besitzen
gute Pflanzenfunde Seltenheitswert und unsere Kenntnisse der fossilen Flora ent-
sprechen längst nicht der Bedeutung, die die Pflanzenwelt im Haushalt der Natur hat.

Am besten erhaltungsfähig und durch den Wind auch in landferne Ablagerungen
verbreitet, sind die Pollen. Da zu ihrer Gewinnung und Untersuchung eine besondere
Methodik notwendig ist, hat sich aus der Paläobotanik der Zweig der P a l y n o l o g i e
selbständig gemacht, ähnlich der „Mikropaläontologie" innerhalb der Paläozoologie
(s. Abschn. 13.1). Die Pollen zeigen zwar ebenso wie die Sporen, deutliche Artunter-
schiede, doch da sie immer isoliert im Gestein auftreten und die Beziehung zu heutigen
Formen eigentlich erst ab Jungtertiär sicher herzustellen ist, müssen auch bei ihnen
reine Formspezies und -gattungen eingerichtet werden, wie wir es schon bei den
Conodonten (s. Abschn. 8.4) kennengelernt haben.

Während die Unterkreidekohlen des Deister (Niedersachsen) noch eine typisch
mesozoische Flora mit verschiedenen Gymnospermen und Farnen enthalten, breiten
sich in der oberen Kreide die Angiospermen sehr schnell aus. Sowohl Monokotyledonen
wie Dikotyledonen sind schon in mehreren Familien vertreten und sind vom Tertiär
an die herrschende Pflanzengruppe. Da aus Tertiär und Diluvium auch terrestische
Sedimente in größerer Verbreitung erhalten blieben, sind auch unsere Kenntnisse
dieser Floren besser. Weil diese in der heutigen Botanik stärker berücksichtigt werden,
können wir auf eine Behandlung an dieser Stelle verzichten.

9.2. Kohlebildung

Hier soll ganz kurz die Frage der Kohlenentstehung angeschnitten werden. Damit sich
ein abbauwürdiges Kohlenflöz anhäufen kann, müssen verschiedene Faktoren zusammen-
treffen:

1. G e e i g n e t e P f l a n z e n . Wir kennen zwar schon Algenkohlen aus vor-
devonischer Zeit. Diese sind ganz anders zusammengesetzt als die späteren Kohlen, sehr
bitumenreich, da die Algen ja keine Zellulose und andere Stütz- und Leitgewebe
besitzen, die bei den späteren Kohlen die Hauptmasse der verkohlbaren Substanz ausmachen.

2. Ein K l i m a , das einen s t a r k e n Landpflanzenwuchs zuläßt, also warm und
feucht ist.

3. E r h a l t u n g s b e d i n g u n g e n . Normalerweise zersetzt sich abgestorbene
Pflanzensubstanz zu Humus und verwest völlig. Nur bei Sauerstoffabschluß, wie er
durch Wasserbedeckung erreicht werden kann, kommt es zu einer Vertorfung unter
Mitwirkung anaerober Bakterien und später zur „Inkohlung", d. h. Anreichung von
Kohlenstoff auf Kosten der anderen Elemente.

4. L a n g s a m a b s i n k e n d e r B o d e n . Nur wenn die in Punkt 3 beschriebenen
Bedingungen länger anhalten, können größere Mengen Pflanzensubstanz abgelagert
werden (Fig. 74). Am günstigsten ist es, wenn das Absinken des Landes (und damit
Anstieg des Grundwassers) genau so schnell vor sich geht, wie die Pflanzen Substanz
liefern. Geht es langsamer, wird ein Teil der anfallenden Substanz verwesen und die
widerstandsfähigen Bestandteile angereichert werden; geht es schneller, entstehen
offene Wasserflächen, in die meist anorganisches Material (Ton, Sand) eingeschwemmt

wird, wodurch das Wachstum des Moores unterbrochen wird. Erst nach Aufschüttung
kann sich das Moor wieder ausbreiten. So haben wir am Rande des variscischen Gebirges
mit einer großen tektonischen Unruhe eine sehr mächtige (ca. 3000 m) Schichtfolge
mit vielen (ca. 100) verschieden dicken Kohlenflözen, während im Tertiär, im langsam
und ruhig absinkenden niederrheinischen Becken, ein im Zentrum bis 100 m mächtiges
Flöz abgelagert wurde, das randlich durch Überflutung in einige wenige Teilflöze auf-
spaltet (s. Abschn. 14.4). Dabei ist noch zu bedenken, daß die abgelagerte Pflanzensubstanz viel mächtiger sein muß, da durch Wasserverlust in der ersten Phase und
Substanzverlust bei der eigentlichen Inkohlung das Flöz schließlich auf 1/10 der

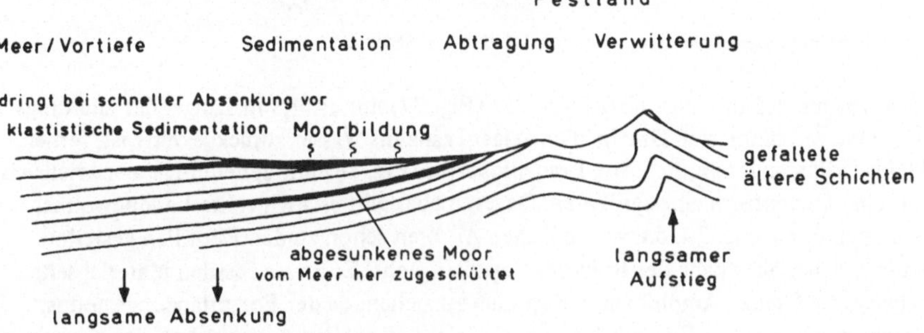

Fig. 74 Schema der Kohlebildung; Erläuterung im Text.

ursprünglichen Dicke zusammengeht. Auf dem Wege von der Pflanzensubstanz über
Torf, Braunkohle zur Steinkohle spielen zuerst biochemische Vorgänge, später
geochemische, wie Überlagerungs- und tektonischer Druck und erhöhte Temperatur in
tieferen Erdschichten die Hauptrolle. Endprodukt ist der reine Kohlenstoff, der im
metamorphen Gestein als Graphit vorliegt[1]).

9.3. Amphibien

Wie im vorhergehenden Abschnitt (Devon) beschrieben wurde, war der große Nordkontinent mit seinem semiariden Klima die geeignete Vorbedingung zur Entwicklung
der Landwirbeltiere aus den Crossopterygiern. Denn sie waren mit Lungen und
kräftigen, durch Knochen gestützten Flossen versehen und konnten beim Austrocknen
oder Fauligwerden kleiner Gewässer diese verlassen und über Land in weiterbestehende
wandern. Dies bewirkte einen Selektionsdruck zur Weiterentwicklung der Lungen und
der Gliedmaßen. So können wir uns die Entstehung der Amphibien vorstellen, die ja
zur Fortpflanzung immer noch ans Wasser gebunden sind. Das erste echte Landwirbel-

---

[1]) Näheres über die fossile Pflanzenwelt bei Gothan, W.; Weyland, H. 1954; Kräusel, R. 1950;
Mägdefrau, K. 1968.

tier, Ichthyostega (Fig. 75) finden wir auch auf diesem Kontinent, in Grönland.
Hier haben wir das in der Entwicklungsgeschichte immer wieder beobachtete Bild:
Wenn ein neuer Bauplan entstanden ist, erfolgt eine schnelle Variation und Ausbildung.
So finden wir im Karbon in großer Formfülle Amphibien, Riesenformen wie Eryops

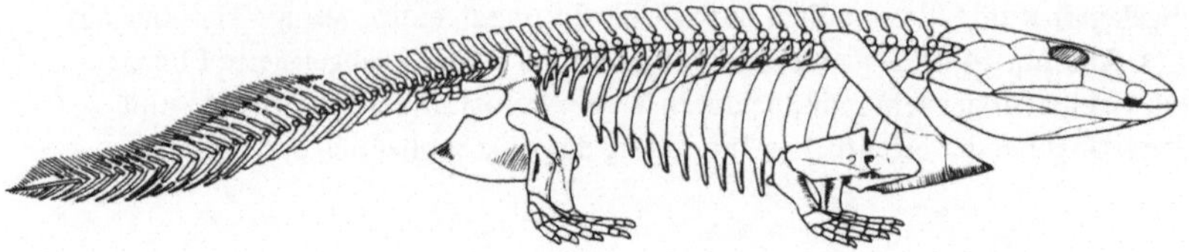

Fig. 75 Ichthyostega, Rekonstruktion von Jařvik (Aus: [6]).

(Fig. 76) mit 1,5 m Länge oder Pteroplax (Fig. 77) mit ca. 4,5 m Länge, der allerdings
wie seine verkümmerten Gliedmaßen zeigen, ganz ins Wasser zurückgekehrt ist, ferner
kleine, Salamander ähnlich, wie Branchiosaurus (Fig. 78) mit äußeren Kiemen, vielleicht
nur eine Larvenform eines größeren. Dagegen aber gibt es auch echte Landbewohner,
wie Seymouria, Fig. 79, die von manchen Autoren schon zu den Reptilien gestellt
wurde, sicher aber nahe der Basis der Reptilien steht. Es ist am fossilen Material sehr
schwer, die Grenze Amphibien — Reptilien zu ziehen, da der Fortpflanzungsmodus,
Laich im Wasser oder Eier mit fester Schale am Land, nicht nachweisbar, der Körper-

Fig. 76 Eryops, ein großes Amphibium des Oberkarbons und Perms von 1,5 m Länge.

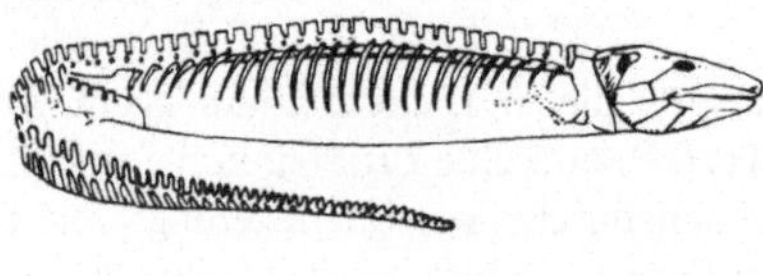

Fig. 77 Pteroplax, ein großes Amphibium, das
wohl ausschließlich im Wasser lebte,
aus dem Karbon Englands (Nach
Gregory aus: [6]).

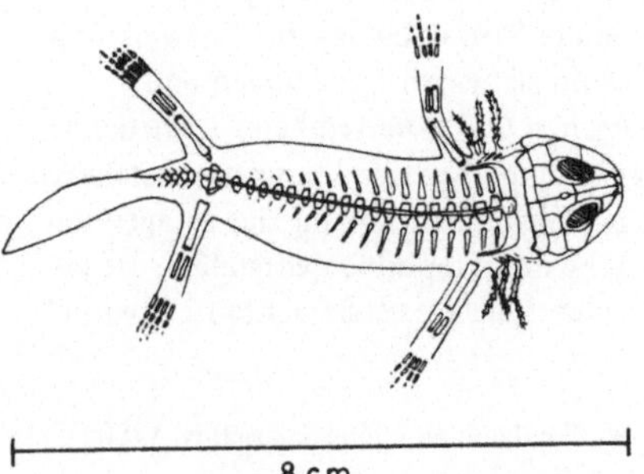

Fig. 78 Branchiosaurus, vielleicht eine kiemen-
tragende Larve eines größeren
Amphibiums; Oberkarbon und Rot-
liegendes Mitteleuropa (Nach Bellmann
und Sittard aus: [6]).

bau aber noch sehr ähnlich ist. Neben den Knochen des Schädeldaches ist es vor allem die Art der Verknöcherung der Wirbel, die es uns erlaubt, phylogenetische Verbindungen zu ziehen. Bei den meisten Amphibien, auch bei den heutigen, geht die Verknöcherung des Wirbelkörpers von anderen Zentren aus als bei Reptilien und ihren Nachkommen.

In Fig. 80[1]) sehen wir eine schematische Zeichnung des primitiven Tetrapoden-Schädels. Im Gegensatz zu den Fische ist nun Lage und Zahl der Knochen feststehend, und in der weiteren Entwicklung treten nur noch Verschmelzungen oder Reduktionen,

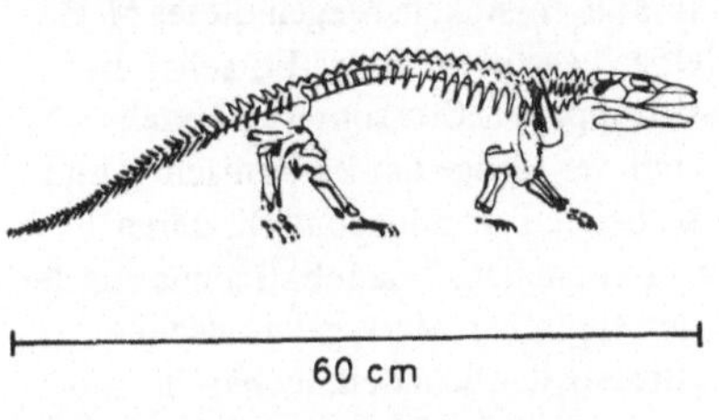

Fig. 79
Seymouria, ein reptilähnliches Amphibium aus dem unteren Perm von Texas (Aus: [6]).

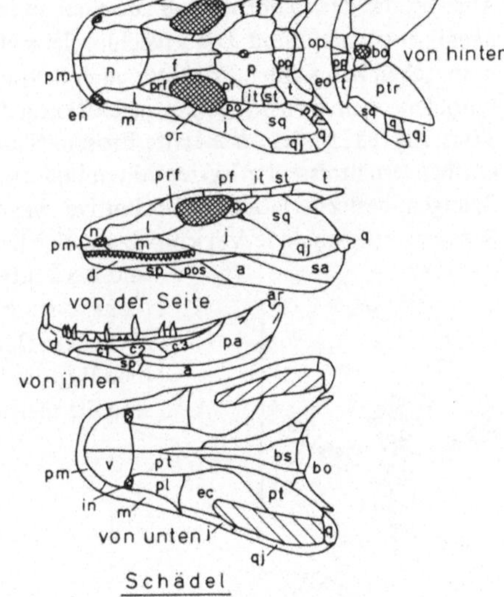

Fig. 80
Schema eines primitiven Tetrapodenschädels.

---

[1]) Erläuterungen der Abkürzungen zum Schemabild des Schädel der Wirbeltiere (Fig. 80 und 85)

a	Angulare	in	innere Nasenlöcher (Choanen)	po	Postorbitale
ar	Articulare			pos	Postspleniale
bo	Basioccipitale	it	Intertemporale	pp	Postparietale=
bs	Basisphenoid	j	Jugale		Supraoccipitale
c	Coronoid	l	Lacrimale	prf	Praefrontale
co	Circumorbitalia	m	Maxillare	pt	Pterigoid
d	Dentale	n	Nasale	ptr	Posttemporale
e	Ethmoid	op	Opistoticum	q	Quadratum
ec	Ectopterygoid	or	Orbita = Augenhöhle	qj	Quadratojugale
en	äußere Nasenlöcher	p	Parietale	sa	Suprangulare
eo	Exoccipitale	pa	Praearticulare	sp	Spleniale
ep	Epipterygoid	pf	Postfrontale	sq	Squamosum
f	Frontale	pl	Palatinum	st	Supratemporale
		pm	Praemaxillare	t	Tabulare

natürlich auch Verschiebungen in den Größenverhältnissen auf. Wir werden in späteren Kapiteln noch auf diese Zeichnung zurückkommen. Dieses geschlossene Schädeldach (daher der Name Stegocephalen für die primitiven Amphibien) wird bei den mesozoischen Amphibien, vor allem aber bei den meisten Reptilien aufgelockert (s. Abschn. 10.1).

Unsere heutigen Amphibien, Schwanzlurche und Froschlurche sind sicher erst seit dem Jura bzw. der Trias bekannt. Die Schwanzlurche stehen mit einer Reihe verschiedengestalteter, häufig fußloser Formen bei den Lepospondyli, bei denen die Wirbel aus Verknöcherungen der Faserscheide der Chorda dorsalis entstehen. Wegen dieses Merkmals und noch einiger Besonderheiten im Schädeldach vertreten einige Forscher die Ansicht, daß die Lepospondyli aus einer anderen Gruppe der Crossopterygii unabhängig entstanden sind. Die Froschlurche stehen mit der Menge der karbonischen und permischen Amphibien, darunter auch Seymouria, bei den Apsidospondyli, deren Wirbel aus Knochenspangen um die Chorda dorsalis entstehen. Triadobatrachus aus der Trias, Fig. 81, ist der erste echte Frosch. Neben den typischen Merkmalen, wie die Größenverhältnisse der Extremitäten und die Auflösung der Schädelknochen in Spangen, besitzt er noch viele primitive, wie die große Zahl der Rippen, den kurzen Schwanz, die fehlende Verschmelzung der Kreuzwirbel, die Ausbildung der Schulterund Beckenregion. Auch sind die Sprungbeine noch nicht so stark entwickelt, wie bei den heutigen Fröschen. Der Höhepunkt der Entwicklung der Amphibien liegt im Oberkarbon und Perm, Ende der Trias sind die meisten ausgestorben.

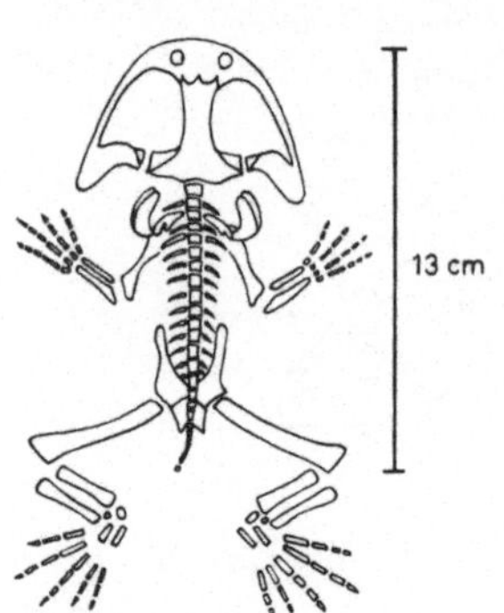

Fig. 81
Triadobatrachus, der älteste Froschlurch aus der Trias von Madagaska (Aus: [6]).

9.4. Verbreitung des Karbons

An der Karbon-Devon-Grenze wurden Teile der variscischen Geosynklinale bereits aufgefaltet (Fig. 82). In den bestehenden Resten wurde weiter sedimentiert, östlich des Rheins hauptsächlich Schiefer und Grauwacken (Kulmfazies), westlich Kalk (Kohlenkalk). An der Grenze zum oberen Karbon ging die Faltung weiter, und es blieb nur im Norden ein schmaler Saum von Wales übers Ruhrgebiet nach Osten bestehen. Diese weiter absinkende „Vortiefe" nahm nun den Verwitterungsschutt des aufsteigenden Faltengebirges auf. An den Rändern, auch am Südrand des alten kaledonischen

Kontinents, bildeten sich ausgedehnte Moore, in denen die großen europäischen Steinkohlenlager entstanden. Oft wurden sie vom Meer überflutet. Diese m a r i n e n H o r i z o n t e erlauben mit ihren Goniatiten (s. Abschn. 8.2.2) die Gliederung und Gleichstellung des europäischen Oberkarbons. Im Gebirge selbst entstanden langge-

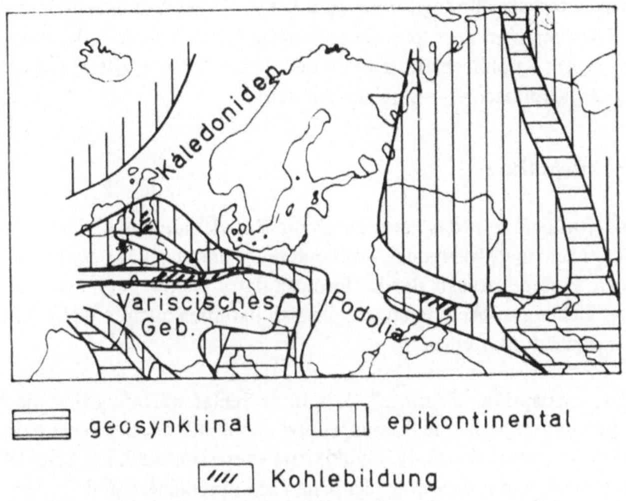

Fig. 82 Palägeographie des Karbons in Europa.

streckte Senkungszonen, in denen sich im obersten Karbon auch Moore bildeten, die heute in den Flözen des französischen Zentralplateaus, des Saargebiets, Sachsens und Schlesiens (Walbrzych) vorliegen. Im obersten Karbon, dem Stefan, zeigen rote Sandsteine eine Klimaänderung zu Ungunsten der Niederschläge an, die zu den in Mitteleuropa überwiegend ariden Verhältnissen des Perms überleitet.

In der Tethys südlich des variscischen Gebirges herrschte vor allem Kalksedimentation, deren Gesteine wir heute z. B. in den Karawanken finden. Am Ende des Karbon fand eine weitere Faltung statt, in welche die Vorländer mit ihren Kohlenlagerstätten zum Teil mit einbezogen wurden, weshalb diese auch einen mehr oder weniger weitgespannten Faltenwurf zeigen, was für den Abbau der Kohle von großer Bedeutung ist.

10. Perm

Der Name leitet sich von der russischen Provinz westlich des Urals mit gleichnamiger
Hauptstadt ab. In Mitteleuropa, also hauptsächlich im Bereich des variscischen Gebirges,
zeigt es eine deutliche Zweigliederung in das überwiegend terrestische Rotliegende (alte
Bergmannsbezeichnung für das rote Liegende des Kupferschiefers im Thüringer Raum)
und den marinen Zechstein (bergmännisch „zäher Stein", der durchteuft werden mußte,
um an den Kupferschiefer zu kommen, oder der feste Stein, auf dem die Z e c h e n
für den Kupferschiefer-Bergbau standen).

10.1. Reptilien I

Paläontologisch ist das Perm durch die Entwicklung und Differenzierung der Reptilien
gekennzeichnet. Nach dem Vorhandensein und der Lage der sog. Schläfenöffnung, die
einem besseren Ansatz der Kiefermuskulatur diente, kann man drei große Gruppen und
zwei Nebengruppen abgrenzen, die sich natürlich auch in weiteren morphologischen
Merkmalen unterscheiden.

10.1.1. Anapsida. „Primitiv", d. h. ohne Schläfenöffnung sind die Anapsida oder
Reptilomorpha, die die Stammgruppe und einige spezialisierte permischen Formen umfassen und heute durch die Schildkröten vertreten sind. Ihr Schädel gleicht dem in Fig. 80
dargestellten, nur daß einige Knochen schon reduziert sind.

Als Beispiel der Stammgruppe diene der ca. 60 cm lange Labidosaurus (Fig. 83) aus
Texas. Entsprechend seinen spitzen Zähnen mag er wohl ein Fleischfresser gewesen sein,

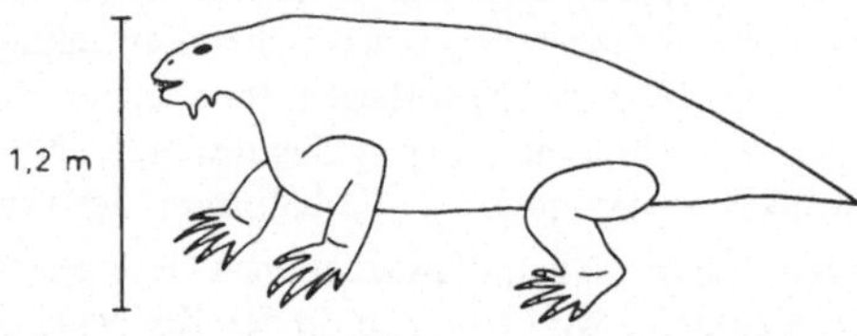

Fig. 83 Labidosaurus, ein primitives
Reptil aus dem Perm, Länge 65 cm.

Fig. 84 Scutusaurus, ein spezialisierter Vertreter der
„Stammreptilien" aus dem oberen Perm.

der hauptsächlich von Insekten lebte. Ein Pflanzenfresser war nach seinen mehr ab-
gerundeten Zähnen wohl der riesige Scutosaurus (Fig. 84) mit ca. 2,5 m Länge aus dem
oberen Perm Rußlands. Außerdem sind Anapsida auch aus Südafrika bekannt. Sie
sterben in der Trias bereits aus, mit Ausnahme der Schildkröten, deren erste Vertreter
in der Trias gefunden wurden und von da aus allen Zeiten der Erdgeschichte mit
verschiedenen Formen bekannt sind, hauptsächlich natürlich Meeresbewohner, da
marine Schichten die Menge der Sedimentgesteine ausmachen.

10.1.2. Parapsida. Fig. 85[1]) zeigt uns die vier verschiedenen Möglichkeiten der Schläfenöffnung, die sich aus dem anaspiden Schädel entwickelt haben. Es seien zuerst die beiden Nebengruppen kurz besprochen: Eine hochgelegene, vom Parietale, Postfrontale und Supratemporale begrenzte Öffnung haben die Parapsida. Sie sind nur durch die Ichthyosaurier vertreten, welche die Meere des Mesozoikums bevölkerten. Diese Reptilien waren mit flossenähnlichen Extremitäten, Fischschwanz und torpedoförmigen Körper (Fig. 86) optimal ans räuberische Leben im Wasser angepaßt, wie die

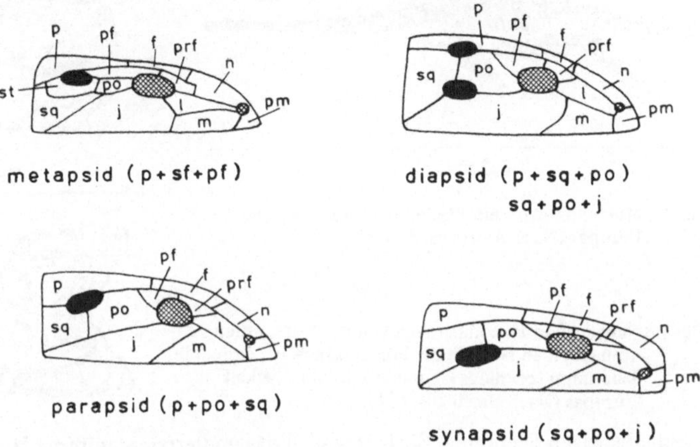

Fig. 85 Schematische Darstellung der verschiedenen Möglichkeiten der Schläfenöffnungen bei den Reptilien (Abk. s. Fig. 80).

heutigen Delphine unter den Säugetieren, die eine gleiche Lebensweise haben. Von seltenen gut erhaltenen Funden aus dem Lias Württembergs (s. Abschn. 12.3) kennen wir den Körperumriß, und wir dürfen annehmen, daß sie lebend gebärend waren. Die meisten Ichthyosaurier waren 2 bis 3 Meter lang, doch kennen wir auch Riesen bis zu 15 m Länge. Wegen der einzigartigen Schädelöffnung und auch anderer Besonderheiten des Schädels möchten einige Forscher sie unter Umgehung der Stammreptilien direkt von den Amphibien ableiten.

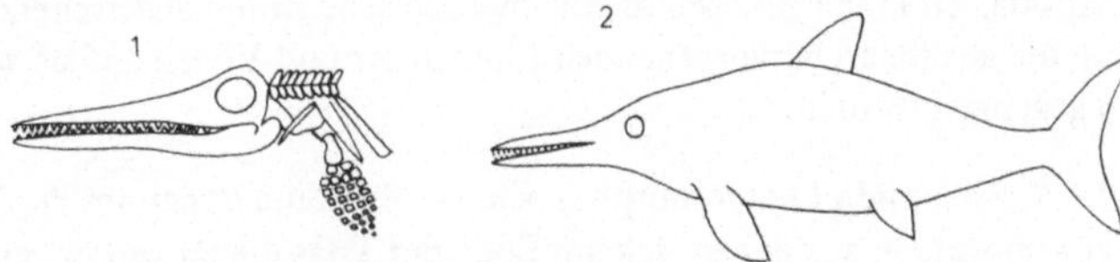

Fig. 86 1. Kopf und Vorderextremität eines Ichthyosauriers aus dem Posidonienschiefer des Lias von Holzmaden; 2. Körperumriß eines Ichtyosauriers.

---

[1]) Siehe Fußnote 1, Seite 65.

10.1.3. Eurapsida. Eine ebenfalls hochgelegene Schläfenöffnung, die aber vom Parietale, Postorbitale und Squamosum begrenzt wird, haben die Eurapsida. Zu ihnen gehören außer zahlreichen eidechsen- und waranähnlichen Reptilien des Perm und der Trias auch zwei aquatische Gruppen: Die Plesiosaurier (Fig. 87) sind mit ihrem langen Hals und Schwanz und dem relativ plumpen Körper mit den großen Paddeln bei weitem nicht so fischähnlich, wie die Ichthyosaurier; sie konnten vielleicht sogar noch ans Land gehen,

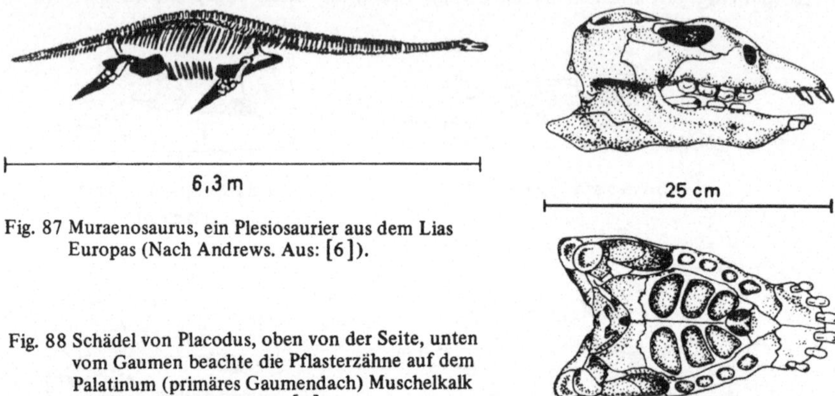

Fig. 87 Muraenosaurus, ein Plesiosaurier aus dem Lias Europas (Nach Andrews. Aus: [6]).

Fig. 88 Schädel von Placodus, oben von der Seite, unten vom Gaumen beachte die Pflasterzähne auf dem Palatinum (primäres Gaumendach) Muschelkalk Europas (Nach Broili aus: [6]).

wie die heutigen Seehunde. Sie lebten ab Trias und erreichten ihren Höhepunkt in der Kreidezeit, an deren Ende sie ausstarben. Die zweite Gruppe sind die Placodontia, deren Körperbau wenig verändert ist gegenüber den Landreptilien. Nur die Bezahnung (Fig. 88) zeigt eine Anpassung an die Ernährung von Zweischalern (Muscheln und Brachiopoden), die sie mit den zangenartigen Vorderzähnen vom Boden abrissen und mit den pflasterartigen, auch den Gaumen bedeckenden Zähnen zermalmten. Sie sind auf die Trias beschränkt.

10.1.4. Diapsida (Sauromorpha). Zwei Schläfenöffnungen, eine obere wie bei den Eurapsida von Parietale, Postorbitale und Squamosum begrenzte und eine untere, wie bei den Synapsida von Squamosum, Postorbitale und Jugale begrenzte, besitzen die Diapsida. Zu ihnen gehören die die mesozoische Erde beherrschenden Sauromorphen und die aus ihnen hervorgehenden Flugsaurier und Vögel, auf sie wird in Abschn. 13.3 eingegangen werden.

10.1.5. Synapsida (Theromorpha). Eine große Blüte haben im Perm die synapsiden Theromorphen, aus denen sich am Ende der Trias die Säugetiere entwickeln. Ihre tiefliegende Schläfenöffnung wird von Squamosum, Postorbitale und Jugale begrenzt. Ausgangspunkt der Entwicklung sind primitive Pelicosaurier, ähnlich Varanosaurus (Fig. 89), die, wie der Name sagt, den heutigen Waranen ähnlich sehen, welche aber zu den Diapsiden gehören. Ein Sondermerkmal der Theromorphen tritt hier schon in Erscheinung: Die erste Differenzierung im Gebiß. Ein spezialisierter Vertreter der

Pelicosaurier ist Dimetrodon (Fig. 90) von über 3 m Länge. Dieser war ein aktiver
Räuber. Dornfortsätze der Rückenwirbel waren extrem verlängert und stützten ein
„Segel". Der biologische Sinn dieser Einrichtung ist unklar: Einige nehmen an, daß die

Fig. 89
Schädel von Varanosaurus;
Permokarbon USA und
Europa (Aus: [6]).

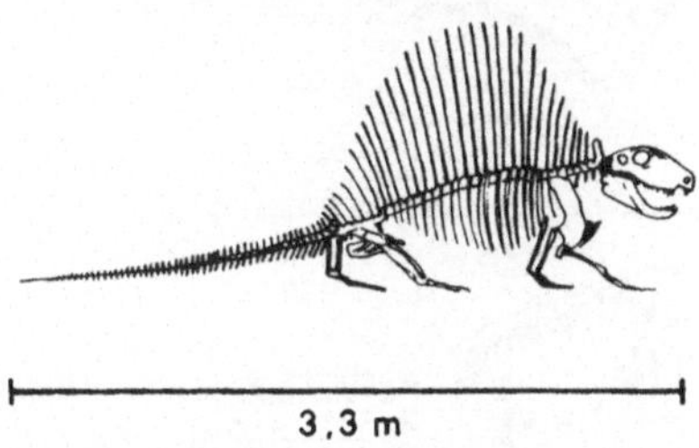

Fig. 90 Dimetrodon aus dem Unterperm Nordamerikas (etwa 3,3 m lang) (Aus: [6]).

große Fläche dem Temperaturausgleich diente; da müßte sie eigentlich zusammenfalt-
bar gewesen sein. Vielleicht diente es dem „Drohgehabe" Feinden gegenüber, wenn das
von vorn schmal aussehende Segel bei einer Drehung des Tieres dieses plötzlich
„wachsen" ließ oder zum „Imponiergehabe" im innerartlichen Verkehr. Die Funde sind
zu gering an Zahl, um einen Geschlechtsdimorphismus in diesen Merkmalen zu
konstatieren.
Die Pelicosaurier sterben mit dem Perm aus, während die interessanten Theriodontia
bis Ende der Trias lebten. Der Name sagt „Säugetierzähnler" und weist auf die schon
bei den Pelicosauriern erwähnte Zahndifferenzierung hin, die bei den Spätformen, wie
Cynognathus (Fig. 91) dem Gebiß der Säugetiere mit Vorderzähnen (Incisiven), Eck-
zahn (Caninus), kleinen Vorbackenzähnen (Prämolaren) und großen mehrspitzigen
Backenzähnen (Molaren) sehr ähnlich wird. Zwei weitere auf die Säugetiere zuweisende
Merkmale zeigt die Figur: Im Unterkiefer ist nur noch das Dentale zu sehen (vgl. z. B.
Varanosaurus Fig. 89); Reste weiterer Unterkieferknochen sind aber noch vorhanden.
Die Unterseite des Schädels zeigt die zweite wichtige Neuerwerbung, das sekundäre
Gaumendach. Sehen wir uns noch einmal das Schemabild Fig. 80 oder den Schädel
von Placodus Fig. 88 an: dort liegen die inneren Nasenöffnungen mehr oder weniger
vorn. Bei den Theriodontia verbreitert sich das Maxilare und der vordere Teil des
Palatinums über die innere Nasenöffnung und bilden hier eine Röhre, die die Luft
über dem Schlund austreten läßt. Damit konnte das Tier auch atmen, wenn es Nahrung
im Maul hatte. Für die wechselwarmen Reptilien ist es heute auch kein Problem,
während des Fressens den Atem anzuhalten, während die warmblütigen Säugetiere den
erhöhten Sauerstoffbedarf auch während des Fressens decken müssen. Daraus schließt
man, daß die Theromorphen schon eine gewisse Konstanz der Körpertemperatur
hatten. Aus gewissen Strukturen an den Knochen der Schnauze entnimmt man, daß
sie Tasthaare besaßen, also vielleicht überhaupt die Schuppen der Reptilien durch

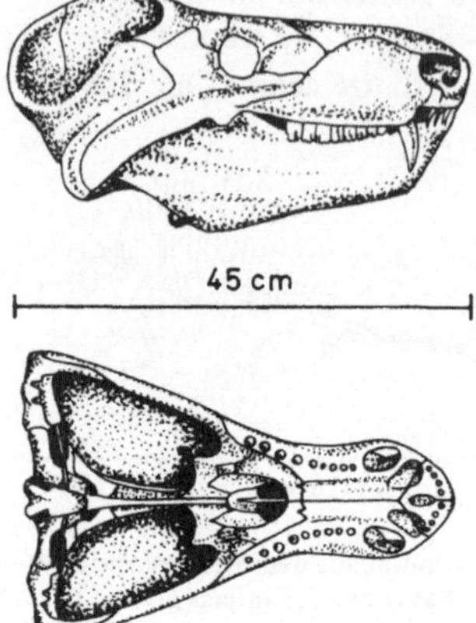

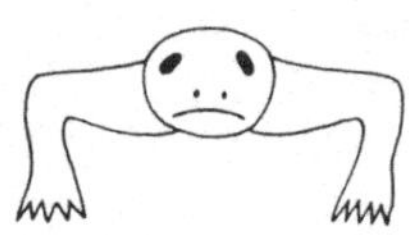

Fig. 91
Schädel von Cynognathus (griechisch Hundekiefer)
ein „fortschrittliches" säugetierähnliches Reptil aus
der Trias Südafrikas (Aus: [6].

45 cm

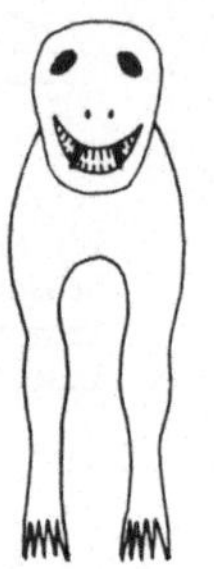

Fig. 92
Vergleich der Beinstellung der
Amphibien und Reptilien mit den
„höheren" Reptilien und Säugetieren.

Haare ersetzt hatten. Schließlich hängt der Körper nicht mehr zwischen den Beinen,
wie bei den Amphibien und den meisten Reptilien, sondern die Beine stehen mehr
oder weniger senkrecht unter dem Körper (Fig. 92). Wir beobachten also im Perm
und in der Trias die Herausbildung wichtiger morphologischer Merkmale der Säugetiere. Das Wichtigste, die Fortpflanzung, können wir paläontologisch nicht nachweisen, und so bleibt die Grenze Theriodontia/Säugetiere willkürlich bzw. der Überein-
kunft vorbehalten. Wie wir in Abschn. 14.3.1 noch sehen werden, hat man sich auf die
Verhältnisse im Unterkiefergelenk und im Ohr als grenzziehendes Merkmal geeignet.
Es wäre also denkbar, daß die Theriodontia schon eine Brutpflege, ähnlich den heutigen
Monotremen hatten, die parallel zu den echten Säugetieren direkt von den Theriodontia hergeleitet werden (rein hypothetisch, da mesozoische Funde dieser Gruppe fehlen).

10.2. Verbreitung des Perms

Das untere Perm in Mitteleuropa, das Rotliegende, ist in vielen Gegenden durch überwiegend terrestrische Sedimentation gekennzeichnet (Fig. 93). Wahrscheinlich schufen
die variscischen Gebirge (Ural, europäische Mittelgebirge von der Lysa Góra in Polen
bis zur Bretagne, Appallachen in Nordamerika) Klimascheiden, die zu einer Intensi-
vierung des ariden Klimagürtels führten. Diese Rotsedimentation kennen wir ja schon
aus dem Old Red nach der kaledonischen Gebirgsbildung in Nordeuropa. Verbreitet
sind die Sedimente des Rotliegenden in der schon aus dem Karbon bekannten Innen-
senke des variscischen Gebirges. Dort sind auch gewaltige Lavamassen basaltischer
(Melaphyr) und granitischer (Quarzporphyr) Zusammensetzung aufgedrungen. In Hohl-

räumen (Drusen) der Melaphyre des Nahetals fanden sich die Halbedelsteine Achat, Amethyst, Rauchquarz u. a., die früher den Rohstoff für die Edelsteinschleiferei in Idar-Oberstein (Nahe) lieferten. Weiterhin findet das Rotliegende sich in Norddeutschland, wo wir in Schleswig-Holstein sogar marine Einschaltungen haben. Während dieser Zeit

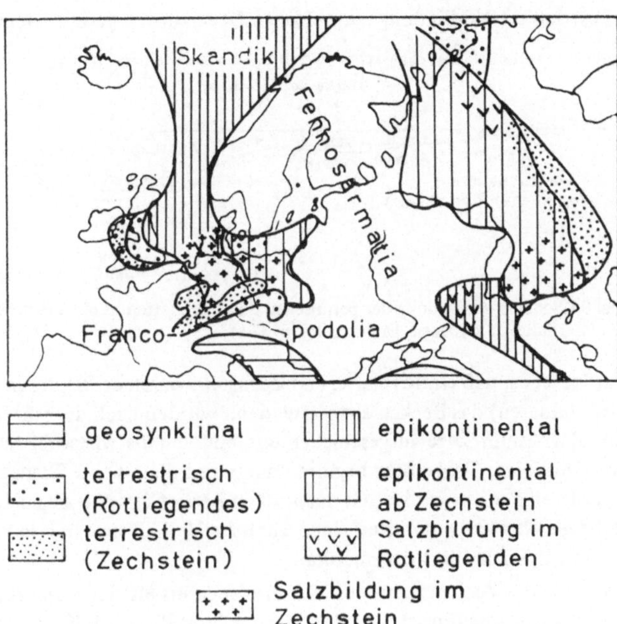

Fig. 93
Paläogeographie des
Perms in Europa.

muß das variscische Gebirge weitgehend abgetragen und eingeebnet worden sein, denn nach einer kurzen tektonischen Unruhe transgrediert im Zechstein das Meer von Norden über weite Teile des ehemaligen Gebirges. Dieses mitteleuropäische Zechsteinbecken muß ziemlich abgeschnitten gewesen sein, denn über dem Transgressionskonglomerat bildete sich ein Faulschlamm, der als Fossilien nur Fische in guter Erhaltung, aber keine Bodenbewohner führt, und in dem durch das freiwerdende H_2S Metallsulfide, vor allen Dingen Eisen und Kupfer, ausgeschieden wurden. Es ist der schon erwähnte Kupferschiefer, dem weiter im Osten ein Kupfermergel entspricht. Die Metallösungen leitet man von dem rotliegenden Vulkanismus des Festlandes ab.

Bald scheint das Klima noch trockener geworden zu sein, so daß die Süßwasserzuflüsse weitgehend aufhörten. Durch die starke Verdunstung stieg der Salzgehalt im Becken an, so daß bald kein Leben mehr möglich war und zuerst Gips ($CaSO_4 \cdot 2H_2O$) und später Steinsalz ausgeschieden wurde. Jedoch trocknete das Becken nicht aus, sondern von

Norden kam ständig frisches Meerwasser hinzu, das auf dem Weg ins Beckeninnere schon vorkonzentriert wurde. Die absinkenden schweren Laugen konnten nicht mehr abfließen (wie heute im Mittelmeer, wo auch die Verdunstung größer ist als die Zuflüsse), und so kristallisierte Salzschicht auf Salzschicht am Boden aus (Fig. 94). Der Boden des Beckens senkte sich stetig ab, so daß mehrere 100 Meter Salz abgelagert werden konnten. Gelegentlich wurde auch der Zufluß frischen Meereswassers gestoppt, sei es, daß die Verbindung zum offenen Ozean durch geringe Hebungen geschlossen

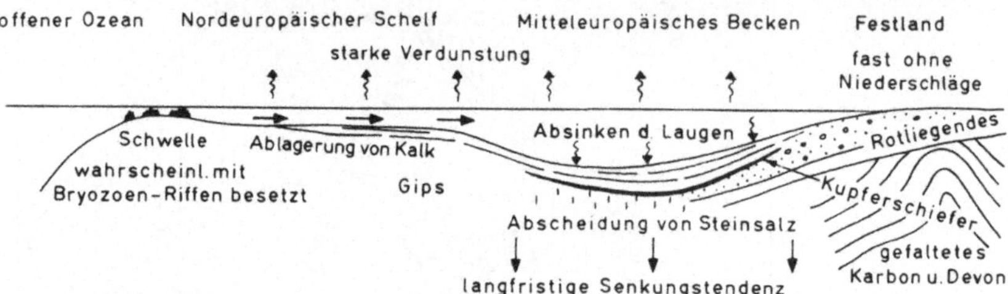

Fig. 94 Schema der Bildung der permischen Salzlagerstätten in Mitteleuropa, als Beispiel für Salzbildung überhaupt. Erläuterung im Text.

wurde, sei es, daß ein Riffgürtel (im Zechstein waren es Bryozoen, die hauptsächlich die Riffe bildeten) das Becken absperrte; dann wurden auch die sehr leichtlöslichen Kalium- und Magnesium-Salze ausgeschieden und bildeten die wirtschaftlich bedeutsamen Kaliflöze. Mit einer Tonschicht beginnt dann meist die erneute Transgression. Vier solcher Rhythmen kennen wir im „Germanischen Becken", wenn sie auch niemals an einer Stelle gleichmäßig entwickelt sind. Ähnliche Verhältnisse hatten wir gleichzeitig westlich des Urals und in Nordamerika.

Am Ende der Zechsteinzeit zog sich das Meer aus Mitteleuropa zurück und machte der festländischen Sedimentation der unteren Trias Platz. Im Raum der Tethys herrschte durchgehend Kalksedimentation, in der Großforaminiferen (s. Abschn. 13.1), wie Fusulinen und Schwagerinen, eine große Rolle spielten. Sie sterben am Ende des Perm aus, ebenso wie manche anderen Tiergruppen, die im Paläozoikum von größerer Bedeutung waren. Das Ende des Perms und damit des Paläozoikums ist also wirklich durch einen Einschnitt in der Lebewelt gekennzeichnet und in der anschließenden Trias baut sich erst langsam die mesozoische Lebewelt auf. Gründe dafür sind umstritten und werden in Abschn. 16.8 bei einem größeren Überblick über die Erdgeschichte noch einmal angeschnitten.

Hier müssen wir unseren sonst auf Europa beschränkten Blick nach Süden wenden. Die Entwicklung des Perms auf den Südkontinenten stellt die erste und wichtigste Stütze der Kontinentalverschiebungstheorie dar. Die geologischen Ähnlichkeiten und faunistischen Verbindungen zwischen Europa, Grönland und Nordamerika ließen sich noch relativ leicht durch einen im Atlantik versunkenen Kontinent „Atlantis" erklären. Zusammenhänge zwischen Südamerika, Südafrika, Antarktis, Indien und Australien waren auf diese Weise nicht zu deuten, vor allem die Spuren einer permischen

Eiszeit dieser 5 Kontinente. Eine solche Pol-Lage bei gleichzeitig tropischem Klima auf der Nordhalbkugel, also keine die ganze Erde betreffende Klimaverschlechterung, ließ sich nicht konstruieren. Man nimmt heute an, und alle geologischen und floristischen Befunde sprechen dafür, daß die genannten Kontinente mindestens bis ins Perm einen geschlossenen Südkontinent (Gondwanaland) bildeten, der im Laufe des Mesozoikums zur heutigen Lage der Kontinente auseinanderdriftete. Während heute die genannten Kontinente ganz verschiedenen Floren- und Faunenprovinzen angehören, besaßen sie am Ausgang des Karbons eine einheitliche Flora, die nach einer Leitpflanze als G l o s s o p t e r i s - F l o r a bezeichnet wird, und die sich deutlich von der nordamerikanisch-eurasiatischen Flora unterscheidet, wie wir sie aus unseren Steinkohlenschichten kennengelernt haben (s. Abschn. 9.1). Mit der Kontinentalverschiebungstheorie fiel die Notwendigkeit weg, riesige Landbrücken zu konstruieren, die später im Ozean versunken sein sollten, um tier- und pflanzengeographische Besonderheiten zu klären. In den 60iger Jahren konnte diese Theorie auch durch geophysikalische Befunde gestützt werden.

In Abschn. 15.2 werden wir am Beispiel der großen Eiszeit des Diluviums in Europa die geologischen Merkmale von Eisablagerungen kennenlernen. Alle diese Erscheinungen finden sich im Permokarbon (die Vereisung beginnt schon im obersten Karbon) der Südkontinente. Wir können stellenweise sogar an den vom Gletscher in den Untergrund eingekratzten Spuren (Gletscherschliff) die Bewegungsrichtung der Eismassen feststellen. Das mittlere und obere Perm bleibt nach dem Rückzug der Vereisung terrestrisch mit eingeschalteten Kohlenflözen. Besonders Südafrika gilt als ein Zentrum der Reptilentwicklung, speziell der Theromorphen (Warmblütigkeit).

11. Trias

Der Name deutet auf die Dreigliederung der Formation im mitteleuropäischen Becken in den überwiegend terrestrischen Buntsandstein, den marinen Muschelkalk und den wiederum terrestrischen Keuper (vom alt-deutschen küppern = färben). Im Thethysraum ist diese Dreigliederung nicht zu beobachten (die Stufen Skyth, Anis usw. gliedern die alpine Trias). Leitfossilien sind im marinen Faziesraum Ammonoideen (s. Abschn. 12.1). Im übrigen baut sich in der Trias die mesozoische Lebewelt erst auf. Ein Charakterfossil des Muschelkalks ist die Seelilie Encrinus liliiformis (Fig. 103). Das mag zum Anlaß dienen, die Echinodermen als Ganzes hier zu besprechen, auch wenn ihre Hauptblüte schon im Paläozoikum liegt.

11.1. Echinodermen

Der Stamm der Echinodermata oder Stachelhäuter ist gekennzeichnet durch die fünfzählige Symmetrie, ein kapselartiges Innenskelett, das aus einzelnen Platten aufgebaut wird und das sog. Wassergefäßsystem (Ambulacral-System). Die fünfzählige Symmetrie und Anlage der Körperorgane fehlen bei einigen altpaläozoischen Gruppen, die bilateral symmetrisch sind. Die Platten des Skeletts können in einzelne in der Haut liegende Elemente aufgelöst werden (Holothurien).

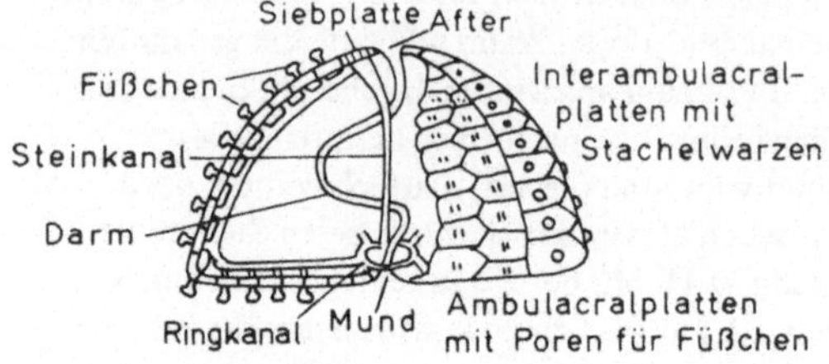

Fig. 95
Schema des Bauplanes eines Echinodermen am Beispiel eines regulären Seeigels.

In Fig. 95 ist am Beispiel des Seeigels der Körperbau schematisch dargestellt. Die Zahl, Größe und Lage der Platten zueinander, ebenso die Lage des Ambulakralsgefäßsystems ist in den vier Unterstämmen der Echinodermata sehr unterschiedlich. Sehr häufig (irreguläre Seeigel, Crinozoa) rückt der After in die Nähe des Mundes. Die Lage des Wassergefäßsystems (mit Ausnahme der Homalozoen) ist in Fig. 96 dargestellt. Die Echinodermen werden in der Systematik der Paläontologie in vier Unterstämme geteilt (Fig. 97):

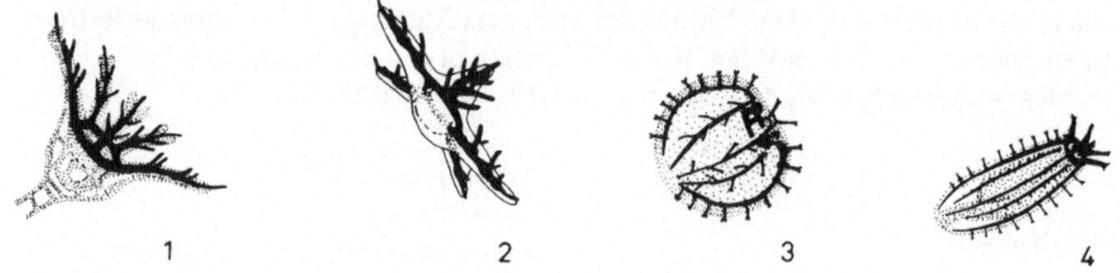

Fig. 96 Schematische Darstellung des Wassergefäßsystems der Klassen der Echinodermata; 1. Crinoidea, 2. Asteroidea, 3. Echinoidea, 4. Holothurioidea (Aus: [3]).

CAM.	ORD.	SIL.	DEV.	CARBON	PERM	TRIAS	JUR.	KREIDE	ALT TERTIÄR	JUNG TERTIÄR	

Taxa (Reihenfolge von oben nach unten mit zugehörigem Unterstamm):

- ? — Machaeridia
- Homostelea — Stylophora
- Homoiostelea — **HOMALOZOA**
- Eocrinoidea — Cystoidea
- Crinoidea
- Edrioblastoidea — Paracrinoidea
- Parablastoidea
- Blastoidea — **CRINOZOA**
- Somasteroidea
- Asteroidea
- Ophiuroidea — **ASTEROZOA**
- Helicoplacoidea
- Edrioasteroidea
- Cyclocystoidea — Ophiocistioidea
- Echinoidea
- Holothuroidea — **ECHINOZOA**

Fig. 97 Stratigraphische Verbreitung der Unterstämme und Klassen der Echinodermen (Aus: [3]).

1. Die Homalozoa, ausschließlich paläozoisch, nicht radiär fünfzählig symmetrisch, das Plattenmuster noch sehr variabel (Fig. 98).
2. Crinozoa, rezent durch die Seelilien (Crinoidea) vertreten, im Paläozoikum noch weitere 6 Klassen;
3. Asterozoa, heute See- und Schlangensterne;
4. die Echinozoa, von denen heute noch Seeigel und Seegurken existieren.

Von dem Homalozoen sollen die drei Typen vorgestellt werden (Fig. 98). Gemeinsam ist ihnen der flache, meist rundliche Körper, bedeckt mit verschiedenartigen Platten. Bei den Stylophora ist ein Arm entwickelt, an dessen Basis der Mund liegt. Die Homostelea dagegen haben nur einen „Stiel", der wohl bei den beweglichen Tieren nach-

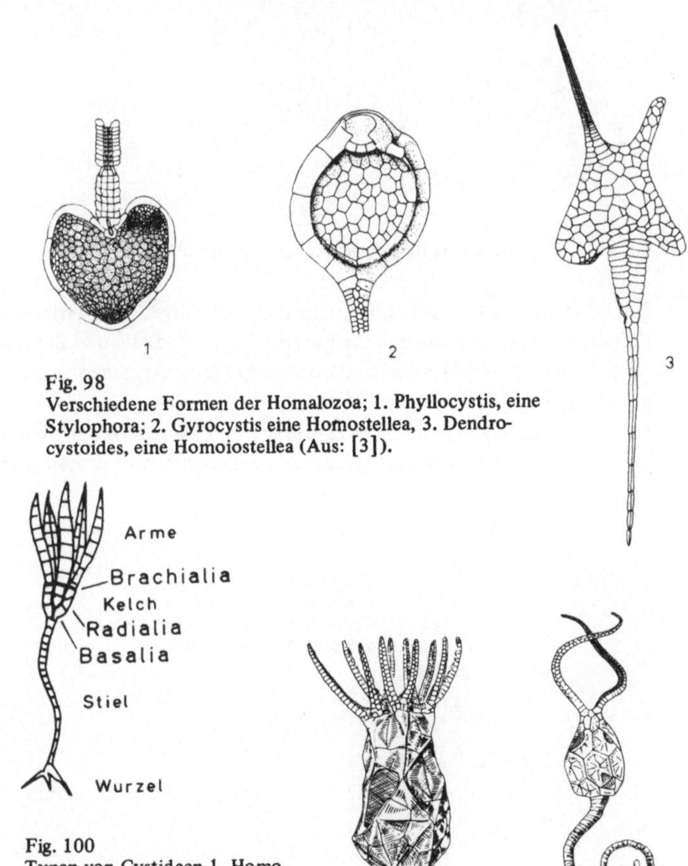

Fig. 98
Verschiedene Formen der Homalozoa; 1. Phyllocystis, eine Stylophora; 2. Gyrocystis eine Homostellea, 3. Dendrocystoides, eine Homoiostellea (Aus: [3]).

Fig. 99
Schema einer Seelilie mit Benennung der Hauptkelchplatten.

Fig. 100
Typen von Cystideen 1. Homocystites (Ordovizium bis Silur). 2. Pleurocystites (Ordovizium) (Aus: [3]).

geschleppt wurde. Die Homoiostelea schließlich besitzen Arm und Stiel, meist noch ein oder mehrere „Hörner".

Die Crinozoa zeigen mit einigen Variationen den Baustil der Seelilie (Fig. 99). Von den 7 Klassen sollen 2 paläozoische und die echten Seelilien gezeigt werden. Die Cystoidea haben einen kugeligen bis birnenförmigen Kelch mit wechselnder Zahl von Armen. Die Platten sind nicht so streng radiärsymmetrisch angeordnet. Der After liegt häufig noch auf der Seite des Kelches (Fig. 100).

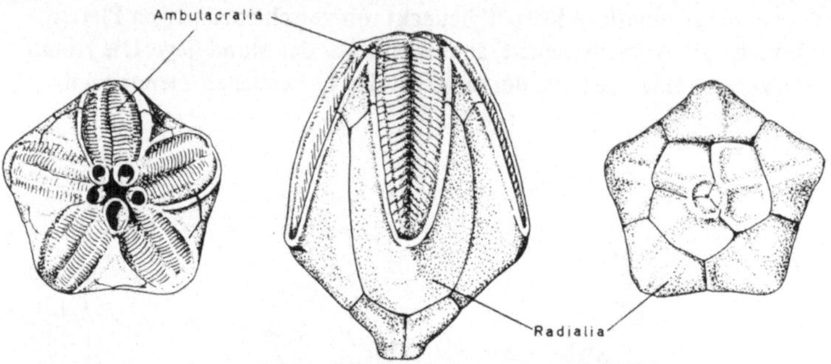

Fig. 101 Pentremites, eine Blastoidee aus dem Karbon (Aus: [3]).

Die Blastoidea (Fig. 101) haben deutlich fünfzählige Symmetrie mit fester Anzahl von Platten; charakteristisch sind die gabelförmigen Radialia und die sich in die Gabel hineinziehenden Ambulacralia, an denen meist kleine Ärmchen sitzen (in Fig. 101 weggelassen).

Auch die Crinoidea haben ihre Hauptblüte im Paläozoikum. Von den vier Unterklassen hat nur eine bis heute überlebt. Von den paläozoischen Formen sind Cupressocrinus mit

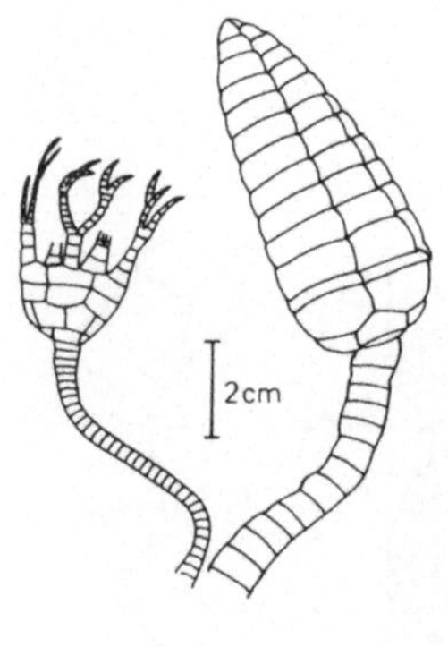

Fig. 102
Paläozoische Crinoiden,
Codiacrinus und Cupressocrinus
aus dem Devon der Eifel.

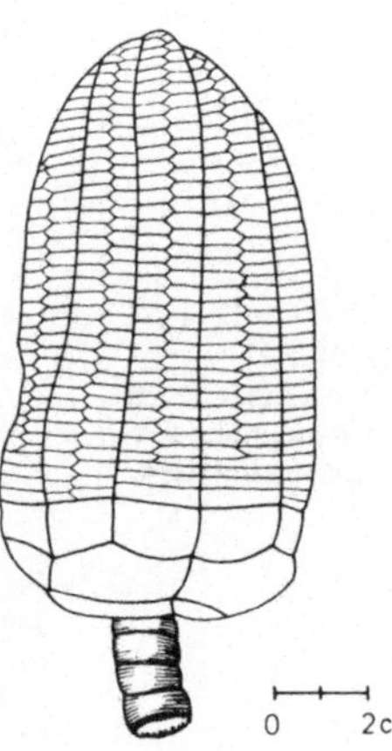

Fig. 103
Encrinus, ein Charakterfossil
des germanischen Muschelkalkes.

starren Armen und Codiacrinus in Fig. 102 abgebildet. Encrinus aus dem Muschelkalk Fig. 103 hat an der Basis geteilte bewegliche Arme. Bei Pentacrinus aus dem Jura sind die Arme vielfach geteilt und mit kleinen Fortsätzen (Cirren) versehen, die dem Fossil den Namen s c h w ä b i s c h e s M e d u s e n h a u p t eingebracht haben (Fig. 104).

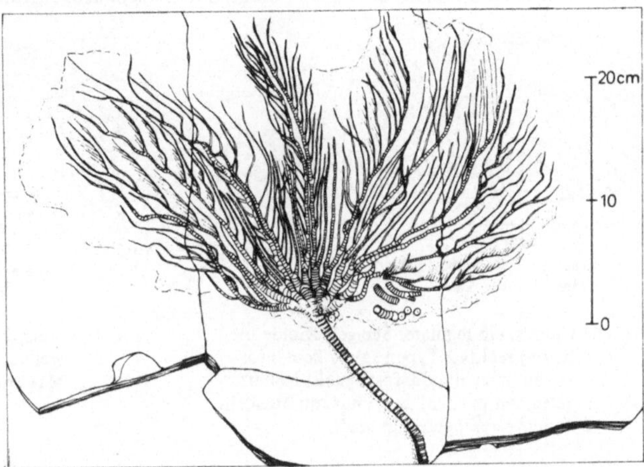

Fig. 104
Pentacrinus aus dem
Posidonienschiefer
des Lias Süd-
deutschlands.

Die Stiele der Crinoiden sind meist über 1 m lang und zerfallen nach dem Tode des Tieres in die einzelnen Plättchen. Diese bilden im Devon und Karbon und im Muschelkalk ganze Gesteinsbänke (Crinoidenkalke).

Die Asterozoa erlangten niemals große paläontologische Bedeutung. Es sollen hier nur paläozoische Vertreter der auch heute noch vorhandenen Seesterne (Asteroidea) und Schlangensterne (Ophiuroidea) als Beispiele abgebildet werden. In den feinkörnigen Dachschiefern des rheinischen Devons werden sie in Schwefelkieserhaltung relativ häufig gefunden (Fig. 105).

Von den Echinozoa sind nur die Echinoidea, die eigentlichen Seeigel, von größerem paläontologischen Interesse. Im Paläozoikum herrschen kugelige, genau fünfzählig symmetrische Formen. Im Mesozoikum trennen sich die Irregularia ab, die bilateral symmetrisch werden, ohne die Fünfzahl der Organe zu verlieren; der After wandert

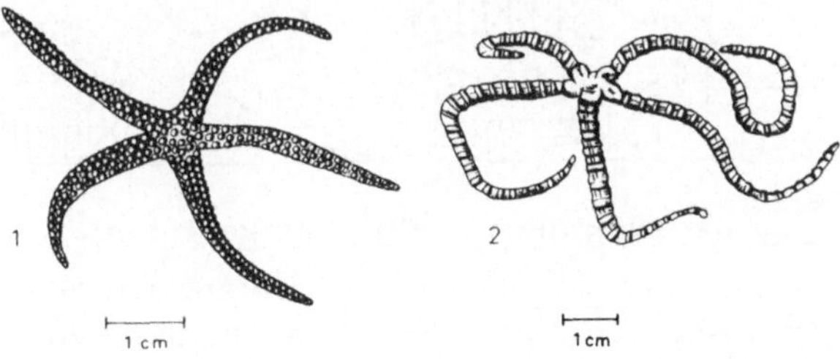

Fig. 105
1. Roemeraster, ein See-
stern, 2. Eospondylus, ein
Schlangenstern, beide aus
dem devonischen Dach-
schiefer von Bundenbach.

dabei von der Oberseite an den unteren Rand, während der Mund sich von der Mitte nach vorn verschiebt. Cidaris (Fig. 106) mit den großen Stachelwarzen und dicken, oft keulenförmigen Stacheln, ist ein typischer Vertreter der Regularia. Ananchytes (Fig. 107) ist in der europäischen Kreide häufig und kann, da er oft als Feuerstein versteinert, auch im diluvialem Kies und an der Ostseeküste gefunden werden.

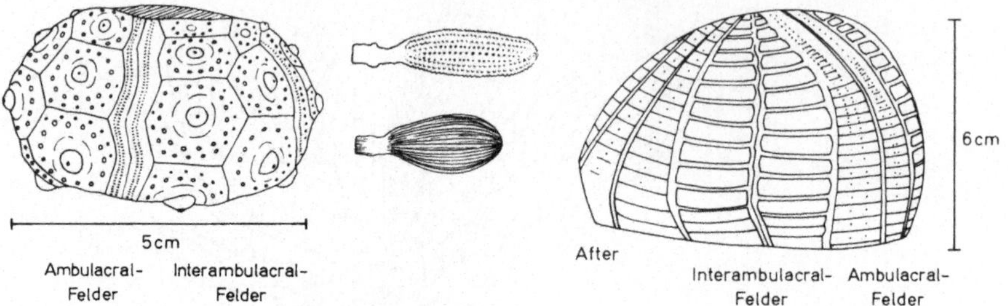

Fig. 106 Cidaris, ein regulärer Seeigel (Kreide bis heute) rechts 2 Typen seiner keulenförmigen Stacheln, die fossil meist isoliert gefunden werden, da sie nur mit Muskeln an der Kapsel gefestigt sind.

Fig. 107 Ananchytes, ein irregulärer Seeigel aus der Oberkreide von Maastricht (Niederland).

11.2. Verbreitung des Trias in Europa

Nach dem Rückzug des Zechsteinmeeres findet in Mitteleuropa überwiegend **terrestrische** Sedimentation in einem halbariden Klima statt (Fig. 108). Besonders im Norden sind

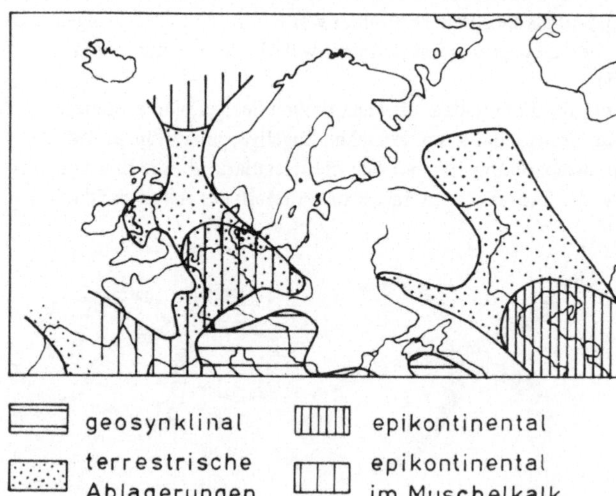

Fig. 108
Paläogeographie der
Trias in Europa.

gelegentlich marine oder brackische Schichten von hellerer Farbe eingeschaltet. Daß das Land keine volle Wüste war, zeigen die Fährten eines großen Sauriers (Chirotherium), die in ausgetrockneten Pfützen mit Trockenrissen zusammen nicht selten gefunden werden (Fig. 109). Knochen eines Tieres von entsprechender Größe und passendem Körperbau (Hinterbeine kräftiger als Vorderbeine) wurden jüngst in der Trias vom Luganer See gefunden. Die Schichten des Muschelkalks zeigen eine erneute Meerestransgression von Norden und Süden an. Eine reiche Fauna von Muscheln, Brachiopoden, Crinoiden und Cephalopoden hat den Schichten den Namen gegeben. Im Süddeutschen Becken kam es vorübergehend zu Salzabscheidungen (Heilbronn u. a.). Im Keuper zog das Meer sich wieder zurück bis zur großen Rät-Lias-Transgression.

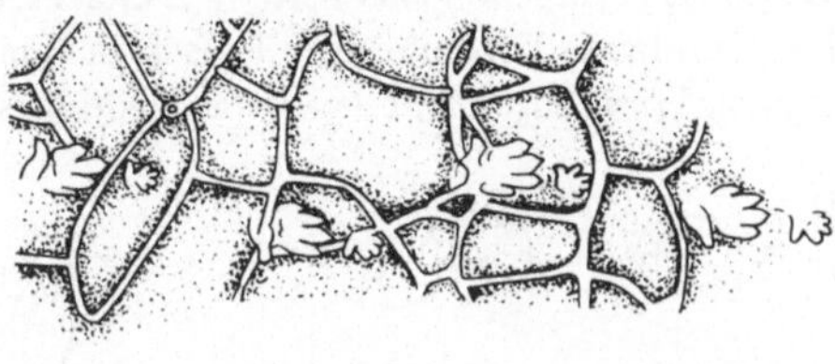

Fig. 109
Buntsandstein-Platte mit Fährten von
Chirotherium und Trockenrissen.

Markante Vertreter des Buntsandstein sind z. B. die Insel Helgoland und der Burgfelsen von Nideggen am Eifelrand westlich Köln. Aus Muschelkalk werden auf weite Erstreckung die Täler des Neckars und des Mains gebildet. Der Keuper tritt wegen des Vorherrschens von tonigen Gesteinen selten morphologisch hervor.

In der Tethys ist der Skyth, entsprechend dem Buntsandstein, terrestrisch beeinflußt. In diesen roten Sanden und Tonen ist Steinsalz, weniger als eigene Schicht, wie im Zechstein und Muschelkalk, sondern als feine Lagen im Ton eingeschaltet (Haselgebirge), heute in den nördlichen Alpen von Berchdesgaden bis Hallstatt abgebaut. Darüber folgen 1500 bis 2000 Meter mächtige Kalke, meist aus Algenriffen entstanden, die die nördlichen Kalkalpen und die Dolomiten aufbauen.

12. Jura

Der Name leitet sich vom Juragebirge her, das sich vom Fränkischen über den Schwäbischen zum Schweizer und Französischen Jura erstreckt. Alle vier Gebirge sind aus dem Gestein dieser Formation aufgebaut. Die Dreigliederung in schwarzen = Lias, braunen = Dogger und weißen = Malm läßt sich nur in Deutschland und England durchführen. Für den Schweizer und Französischen Jura gilt eine andere, dem alpinen Jura vergleichbare Gliederung.

Die Leitfossilien des Jura sind die Ammoniten, deren weitere Entwicklung nach dem
Paläozoikum (s. Abschn. 8.2.2) im folgenden besprochen wird. Daneben erlangt eine
einfache Tiergruppe geologische Bedeutung, allerdings nicht als Leitfossilien, nämlich
die Schwämme, die deshalb in diesem Kapitel kurz abgehandelt werden sollen.

12.1. Cephalopoda II

12.1.1. Ammoniten. In Abschn. 8.2.2 wurde die erste Entwicklung der Lobenlinie
gezeigt. Diese geht folgerichtig weiter, indem außer einer Vermehrung der Sättel und
Loben im Perm schon eine Faltung 2. Grades, eine Zerschlitzung der Loben einsetzt.
Die ceratitische Lobenlinie der Trias ist der einfachste Fall, andere, besonders in der
alpinen Trias, zeigen schon weitergehende Zerschlitzung der Loben. Ebenso wie am

Fig. 110 Weiterentwicklung der
Lobenlinie; oben
ceratitische Lobenlinie,
bei der nur die Loben
zerschlitzt sind, unten
ammonitische Lobenlinie,
bei der Sättel und Loben
zerschlitzt sind.

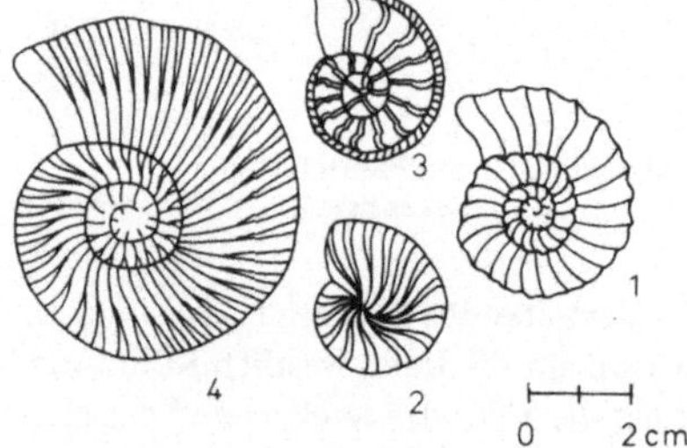

Fig. 111 Verschiedene Ammoniten des Jura;
1. Aegoceras (Lias) 2. Macrocephalites
(Dogger) 3. Amaltheus (Dogger)
4. Perisphinctes (Malm).

Ende des Perms die Goniatiten, sterben auch am Ende der Trias die meisten Arten der
Ceratiten aus. Nur wenige, die Phylloceraten und Lytoceraten gehen hinüber in den
Jura und breiten sich dort sprunghaft aus. Das sind die eigentlichen Ammoniten mit der
ammonitischen, d. h. stark zerschlitzten Lobenlinie (Fig. 110). Die systematischen und
phylogenetischen Zusammenhänge kann man nur auf Grund der Entwicklung (ontogenetisch und phylogenetisch) der Lobenlinie feststellen. Die Bestimmung der Arten geht
natürlich nach äußeren Merkmalen vor sich. Ein paar Beispiele, die die verschiedenen
Möglichkeiten der Formen und Skulpturen zeigen, sind in Fig. 111 dargestellt.
Aegoceras ist evolut, mit einfachen, geraden Rippen und rundlichem Mündungsquerschnitt. Amaltheus ist nicht ganz evolut, die Rippen sind sichelförmig gebogen, der
Außenrand zugeschärft und mit einem Kiel versehen, und der Mündungsquerschnitt
gleicht einem gotischen Bogen. Macrocephalites ist ganz involut mit rundlichem
Mündungsquerschnitt, die Rippen gabeln sich sehr früh an den Flanken und laufen über
den Rücken. Perisphinctes ist ähnlich, aber evolut.
In der Kreide haben wir zum Teil ähnliche Gestalten, zum Teil aber sehr eigentümliche.
Die Aufrollung wird locker und unregelmäßig, wir haben haken-, turm- und knäuel-

förmige Ammoniten, die nur durch ihre Lobenlinie in die Gruppe gestellt werden können (Fig. 112). Am Ende der Kreide sterben dann alle Ammoniten aus.

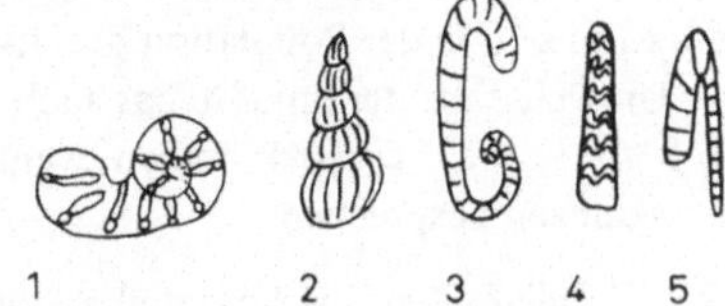

Fig. 112
Aberrante Ammoniten aus der Kreide.

Hier liegt wieder ein interessantes Problem vor uns: Ein neuer „Typus", der des Ammoniten im engeren Sinne, ein Cephalopode in ebener Spirale aufgerollt, mit hochkomplizierter Lobenlinie und verschiedenartiger Skulptur entsteht an der Trias-Jura-Grenze aus ceratitischen Vorläufern. Er entfaltet sich „explosiv" zu Beginn des Jura, um dann dieses „Thema" in stetiger Entwicklung zu variieren. In der Kreide beginnt der „Typ" sich aufzulösen. sowohl, was die Gestalt anbetrifft, wie Lobenlinie, die zum Teil sehr vereinfacht wird, und dann stirbt die Gruppe aus. Drei solche Entwicklungsschübe, paläozoisch, Trias und Jura/Kreide, beobachten wir (Fig. 113). Da ähnliche Entwicklungsformen

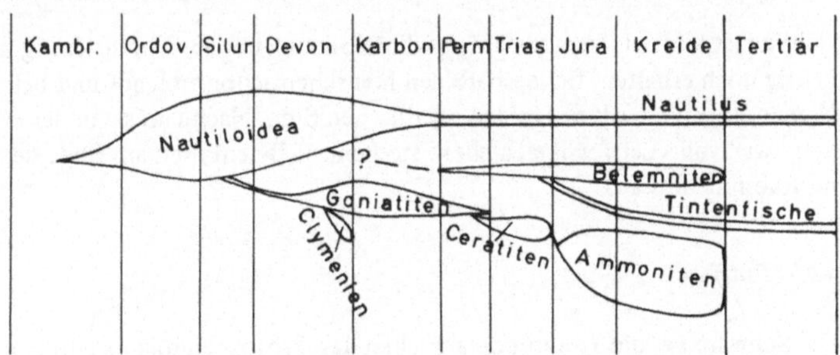

Fig. 113 Schematischer Stammbaum der Cephalopoden. Die Breite drückt etwa die Bedeutung (nach der Zahl der zu einer Zeit lebenden Gattungen) aus.

sowohl bei Tieren, als auch bei Pflanzen zu beobachten sind, gründete Schindewolf darauf die „Typostrophentheorie" von der Phasenhaftigkeit der Entwicklung (Fig. 114): In der T y p o g e n e s e entsteht ein neuer Bauplan, geologisch gesehen in kurzer Zeit, und breitet sich explosiv aus. In der T y p o s t a s e erfolgt eine weitere Entwicklung in vielen parallelen Reihen und in der T y p o l y s e löst sich der Bauplan z. T. durch Überspezialisierung auf. Einzelne Gruppen können durch Herausbildung eines neuen Bauplanes (meist proterogenetisch) zu neuer Entwicklung führen. Soweit die Beobachtung und die dafür geprägte Nomenklatur. Es erhebt sich die Frage, ob hier eine innere Gesetzmäßigkeit vorliegt, vor allen Dingen in der Typolyse. Man kann das

Fig. 114
Schema der Entwicklung einer Tier- oder Pflanzengruppe nach der Typostrophentheorie.

Aus-der-Art-Schlagen am Ende einer Entwicklung als Degeneration ansehen, die zum Aussterben führt; heute neigt man mehr dazu, die große Variabilität als ein Luxurieren zu deuten; die Gruppe war so vorzüglich angepaßt, daß jede nicht gerade tödliche Mutation sich in der Population durchsetzen konnte. Wenn dann allerdings Änderungen der Umwelt eintraten, mußte das auch zum Aussterben führen. Wir werden in Abschn. 16.8 noch darauf zurückkommen, wenn wir das „große Sterben" an mehreren Formationsgrenzen besprechen.

12.1.2. Belemniten. Im Anschluß an die Ammoniten soll eine Gruppe der dibranchiaten Cephalopoden zur Sprache kommen, die in Jura und Kreide große Bedeutung hatten, die Belemniten. Diese sahen den heutigen Tintenfischen ähnlich, hatten aber im hinteren Teil des Körpers eine gekammerte Schale, an die sich ein massives Rostrum anschloß (Fig. 115). Dieses aus radialstrahligem Kalzit aufgebaute zigarrenähnliche

Fig. 115
Schema eines Belemniten. Erhaltungsfähig ist nur das dick gezeichnet Rostrum (Donnerkeil).

Gebilde ist sehr widerstandsfähig und bleibt auch bei der Verwitterung der Gesteine häufig noch erhalten, fiel deshalb den Menschen schon früh auf und bekam mit dem Namen D o n n e r k e i l einen mythischen Sinn. Nachdem sie in der oberen Kreide noch wertvolle Leitfossilien stellen, sterben die Belemniten am Ende der Kreidezeit nachkommenlos aus.

12.2. Porifera

Die Schwämme, die Tiergruppe zwischen den Protozoen und eigentlichen Metazoen, ist natürlich geologisch sehr alt, seit dem Unterkambrium bekannt, aber erst im Mesozoikum erlangen sie größere Bedeutung. Nach einem absoluten Höhepunkt in der Kreide gehen sie im Tertiär stark zurück. Paläontologisch interessant sind nur die Klassen, die ihre Skelettnadeln aus Kalziumkarbonat oder aus Kieselsäure aufbauen. Nach dem

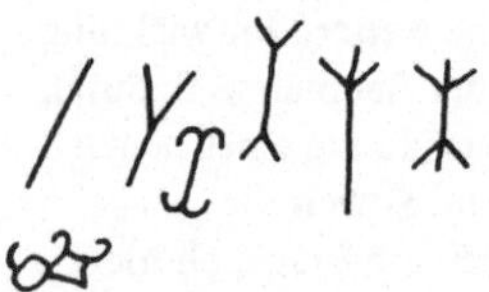

Fig. 116
Schematische Darstellung
von Schwammnadeln, links
Manoxonia, daneben 3
Triaxonia, rechts 2 Tetraxonia,
unten Desmone.

Fig. 117
Verschiedene Schwämme; 1. Tremadictyum aus der Kreide, 2. Astylospongia aus dem Silur, 3. Coeloptychium aus der Oberkreide, 4. Cylindrophyma aus dem Malm.

Material und nach der bevorzugten Form der Nadeln lassen sich die Schwämme gliedern
(Fig. 116). Meist zerfällt das Gerüst nach dem Tode des Tieres, und die einzelnen
Nadeln werden im Sediment eingebettet, woraus man sie bei nicht völlig verfestigten
Sedimenten durch besondere Aufbereitung gewinnen kann. Art- oder gattungsmäßige
Bestimmungen lassen sich daran nicht durchführen. Vielfach aber wird das Nadelgerüst
durch weitere Kristallisation von Kalk bzw. Kieselsäure stabilisiert. Es legt sich
Schlamm dazwischen ab, und so kann auch die Form des Schwammes erhalten bleiben.
Diese ist meist trichter-, kugel- oder walzenförmig, gelegentlich pilzförmig oder
verästelt. Fig. 117 zeigt ein paar Beispiele. Im Jura nun treten die Schwämme auch
riffbildend auf. Besonders schön sind die Schwammriffe (Schwammstotzen) des
Schwäbischen weißen Jura. Sie sind besonders auch dadurch interessant, daß sich
zwischen den Riffen Lagunen mit sehr feinkörniger Kalksedimentation bildeten
(lithographische Schiefer), in denen sich hervorragend erhaltene Fossilien aller Art
finden, von Insekten bis zum Urvogel. Die Funde von Solnhofen und Eichstädt sind
weltbekannt. Fig. 118 zeigt ein kleines Riff auf der Schwäbischen Alb; es hat die
gleiche Form wie ein Korallenriff (s. Abschn. 7.1.2.3, Fig. 32).

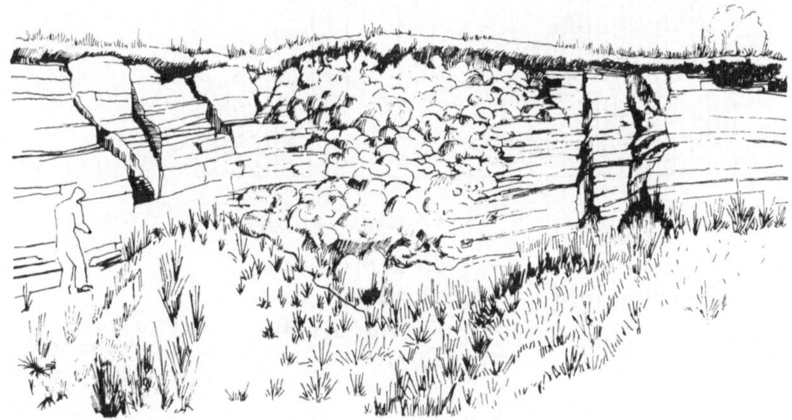

Fig. 118 Kleines Schwammriff auf der Schwäbischen Alb.

12.3. Verbreitung des Jura

Die Jurazeit war in Mitteleuropa eine Zeit der Meeresbedeckung (Fig. 119). Durch die
Burgundische Pforte bestand Verbindung mit der Tethys. Von dort erfolgte auch immer
erneute Einwanderung von Ammoniten. Erst im Malm wurde das süddeutsche Becken
durch Hebung der mitteldeutschen Schwelle vom norddeutschen getrennt, das aber Verbindung mit dem englischen und französischen hatte.

Der Lias ist gekennzeichnet durch dunkle Tone, von denen der „Posidonienschiefer"
der bekannteste ist (nach der Muschel Posidonia); er ist ein Faulschlamm, also in
schlecht durchlüftetem Wasser abgelagert, mit einer kümmerlichen Bodenfauna, aber
wunderbar erhaltenen Fischen und Meeressauriern. Die in Abschn. 10.1 besprochenen
und in Fig. 86 und 87 dargestellten Plesiosaurier und Ichthyosaurier stammen meist aus
diesen ölhaltigen Schiefern Süddeutschlands (Holzmaden an der Autobahn Stuttgart-
Ulm mit eigenem Museum) oder Englands. In diesem ruhigen Wasser und dem nicht
mehr von Aasfressern durchwühlten Schlamm blieben auch Einzelheiten, wie Magen-
inhalt, Körperumriß, Junge im Mutterleib usw. erhalten.

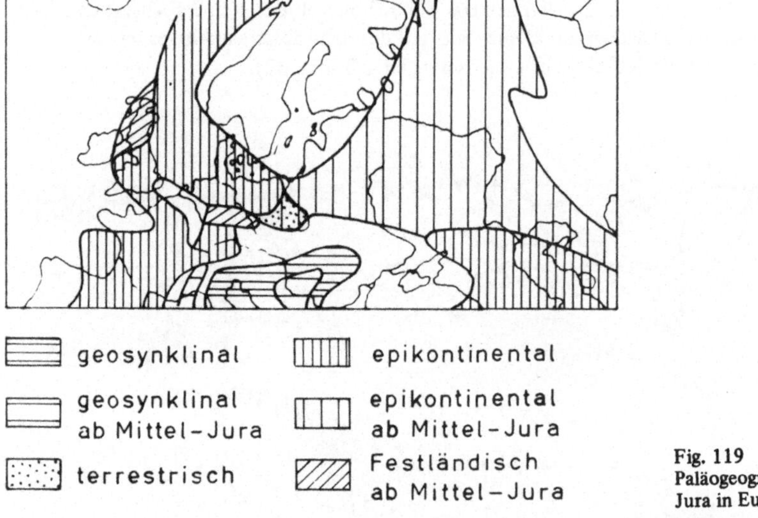

Fig. 119
Paläogeographie des
Jura in Europa.

Der braune Jura ist gekennzeichnet durch eisengefärbte Sandsteine; das Eisen reichert
sich stellenweise zu abbauwürdigen Lagerstätten an, so in Aalen in Württemberg, vor
allem aber im luxemburgisch-lothringischen Bezirk, wo die Eisenerzflöze bis einige 10 m
Gesamtmächtigkeit erreichen. Dazu rechnen noch die Vorkommen im norddeutschen
Jura (Salzgitter u. a.). Im weißen Jura herrschen weiße Kalke vor, die den Rand und die
Oberfläche der Fränkisch-Schwäbischen Alb bilden, in Norddeutschland jedoch weniger
hervortreten. An der Grenze zur Kreidezeit treten wieder tektonische Bewegungen auf,
die als Vorphase zur alpidischen Gebirgsbildung gerechnet werden. Stellenweise schon
im oberen Malm beobachten wir eine Regression, die in Norddeutschland mit Salzbildung und terrestrischer Sedimentation in Erscheinung tritt.

13. Kreide

Der Name ist von einem Gestein abgeleitet, das im wesentlichen auf diese Formation beschränkt ist. Die sog. Schreibkreide ist ein aus Schalen und Schalenbruchstücken von Foraminiferen und Coccolithen aufgebauter feinstkörniger, wenig verfestigter Kalk. Natürlich sind in der Kreidezeit auch alle anderen möglichen Gesteine abgelagert worden Die Foraminiferen, die ab Kreide mit besonderer Mannigfaltigkeit auftreten, sollen hier besprochen werden. Auch die Muscheln zeigen eigenartigerweise ihre größte Verbreitung in der Kreidezeit, und die Oberkreide ist der einzige Abschnitt der Erdgeschichte, in denen Muscheln als echte Leitfossilien gebraucht werden können. So sollen auch sie hier vorgenommen werden. Schließlich liegt in der Kreide der Höhepunkt und das Ende der diapsiden Reptilien, zu denen die Dinosaurier und die Pterosaurier gehören.

13.1. Foraminiferen

Die Foraminiferen gehören ins Reich der Protisten und zwar zu den Rhizopoden. Da sie zu den wenigen Einzellern zählen, die Hartteile bilden, sind sie paläontologisch gut bekannt. Ihre geringe Größe erlaubt, sie selbst aus kleinen Gesteinsstücken, wie Bohrkernen, noch in größerer Menge zu gewinnen. Das macht sie in doppelter Hinsicht interessant: 1. Zur stratigraphischen Einstufung von Bohrproben, was in der Erdölsuche von immenser wirtschaftlicher Bedeutung ist, und 2. durch ihr massenhaftes Auftreten zur variationsstatistischen Populationsgenetik, worauf später eingegangen wird. Ursprünglich bauten die Foraminiferen Sandkörnchen in die Tektinschicht ihrer Zellwand ein. Diese war ursprünglich kugelig (erste Foraminiferen des Kambriums), doch frühzeitig wurde die Röhre entwickelt, die ein ständiges Weiterwachsen ermöglichte. Sie wächst geradeaus oder regelmäßig oder unregelmäßig aufgerollt (Fig. 120). Der

Fig. 120
Die einfachsten Typen von sandschaligen Foraminiferen; oben ungekammert: kugel-, stab-, spiral- und knäuelförmig; unten gekammert; stabförmig und spiralig.

nächste Schritt, etwa im Devon, war, daß die Röhre dann zu einer Mündung eingeschnürt wurde, aus der die Pseudopodien heraustraten. Beim Weiterwachsen bilden diese eine neue Kammer, in die das Cytoplasma nachrückt; dadurch entstand ein gekammertes Gehäuse. Beide Gehäusetypen existieren auch heute noch (Fig. 121). Doch schon im Devon wurde bei einigen Gruppen der agglutinierte Sand durch eigene Kalkausscheidungen verdrängt. Damit waren offensichtlich völlig neue Möglichkeiten gegeben, wie die Ausbreitung einiger Kalkschaler, vor allem der Fusulinidae, zeigt. Sie entwickelten Großformen mit kompliziertem Gehäusebau, die im Oberkarbon und Perm im Raume der Tethys gesteinsbildend auftraten, aber Ende des Perms restlos ausstarben.

Wahrscheinlich waren mit der Erwerbung der kalkigen Schalen auch physiologische Verbesserungen verbunden, die wir paläontologisch nicht fassen können, denn nun beginnt vor allem ab Trias eine sprunghafte Entfaltung. In der Ausbildung der Gehäusetypen sind einige interessante Gesetzmäßigkeiten zu beobachten, und zwar geht die Entwicklung in den verschiedensten Gruppen vom aufgerollten zum gestreckten Gehäusebau. Zwei Beispiele sind gegeben:

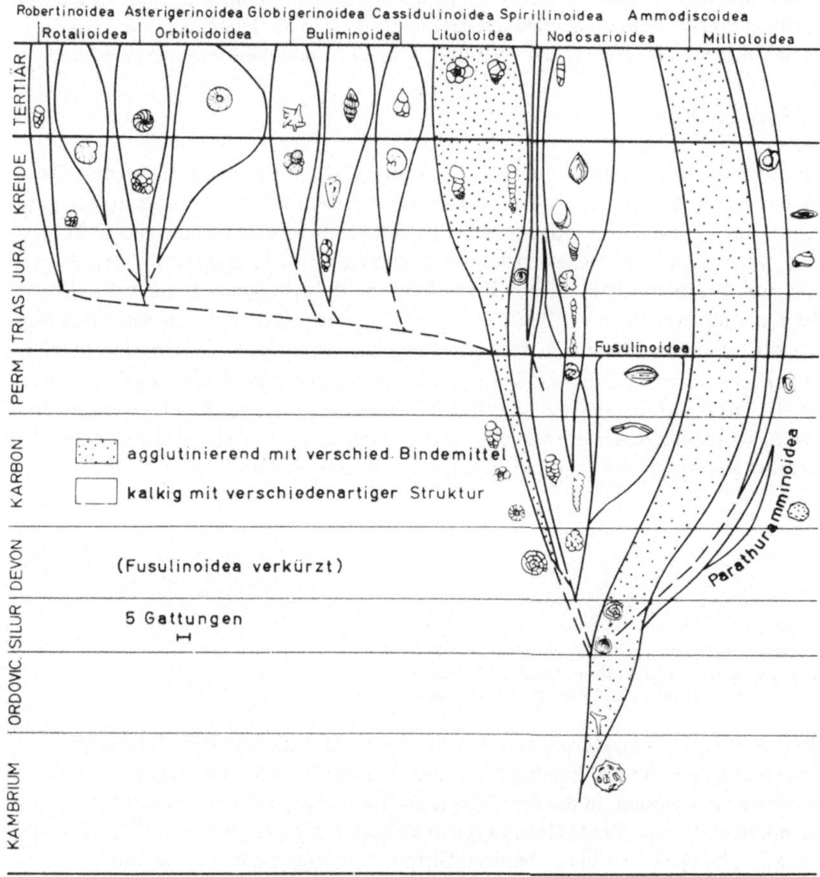

Fig. 121 Entwicklung und stratigraphische Verbreitung der Überfamilien der Foraminiferen; die Breite der Säulen entspricht der Zahl der Gattungen zu einer bestimmten Zeit.

a) Fig. 122. Bei den in der Ebene aufgerollten Gehäuse wächst die letzte Kammer zentrifugal; in den nächsten Generationen werden immer mehr zentrifugale Kammern angelegt, während die Spirale kleiner wird; schließlich haben wir ein gestrecktes Gehäuse, bei dem vielleicht die mikrosphärische Generation (geschlechtlich entstanden, mit kleiner Anfangskammer) eine Restspirale enthält, während die makrosphärische (ungeschlechtlich, mit großer Anfangskammer) sofort gradeaus weiterwächst. Wir haben also hier, wie auch im nächsten Beispiel, einen Fall von Palingenese (s. Abschn. 16.3).

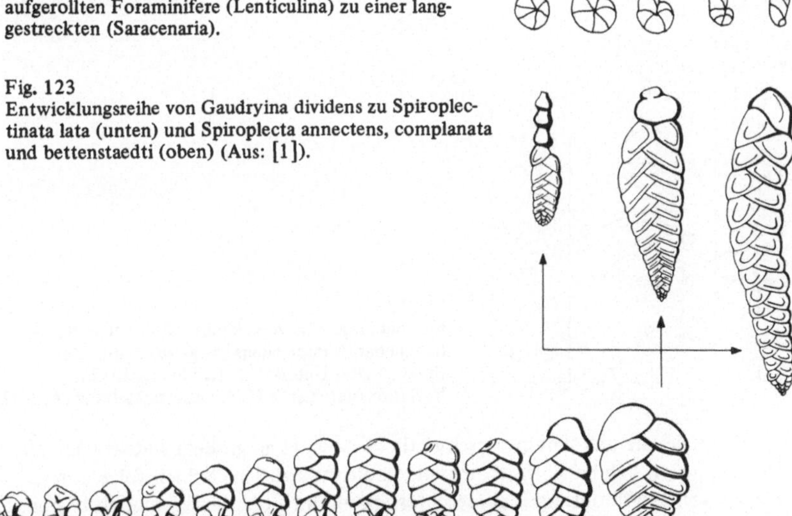

Fig. 122
Schematische Darstellung der Entwicklung einer spiral-
aufgerollten Foraminifere (Lenticulina) zu einer lang-
gestreckten (Saracenaria).

Fig. 123
Entwicklungsreihe von Gaudryina dividens zu Spiroplec-
tinata lata (unten) und Spiroplecta annectens, complanata
und bettenstaedti (oben) (Aus: [1]).

b) Fig. 123. Ausgangspunkt ist ein trochoides Gehäuse mit drei Kammern pro Umgang. In der weiteren Entwicklung werden als Abschluß der Ontogenese nur noch 2 Kammern gebildet und unter Verkürzung des dreireihigen Teils immer mehr Kammern zweireihig angelegt. Auch hier kommt es im Endeffekt dazu, daß in einer Reihe weitergebaut wird, während der dreireihige und später der zweireihige Teil verloren geht. Betrachtet man die P o p u l a t i o n , d. h. die Individuen einer Schicht, findet man die verschiedenen Stufen der Entwicklung nebeneinander, doch in übereinanderfolgenden Schichten verschiebt sich der Schwerpunkt der Merkmale zugunsten der Neuerwerbung. In Fig. 124 ist eine solche statistisch erfaßte Merkmalsverschiebung an der Entwicklung von einer flachen Spirale zu einer konischen dargestellt. Rechts sind die Variationen aufge- zeichnet, links die Stufen der unteren Kreide, aus denen die Proben stammen. Die Zahlen an der Abzisse beziehen sich auf die Variationen rechts. In Probe a herrschen

die mittelhohen Gehäuse mit flacher Basis, die niedrigen und die hohen mit beginnend
konvexer Basis sind nur sehr gering vertreten. Bei Probe d beginnt die Verschiebung
zugunsten der höheren Gehäuse, bis in Probe o nur noch hochkonische mit konvexer
Unterseite vorhanden sind. Die rückläufige Entwicklung in Probe ℓ ist wohl durch
vorübergehende Verbindung mit einer noch nicht so weit entwickelten Nachbar-
population zu erklären.

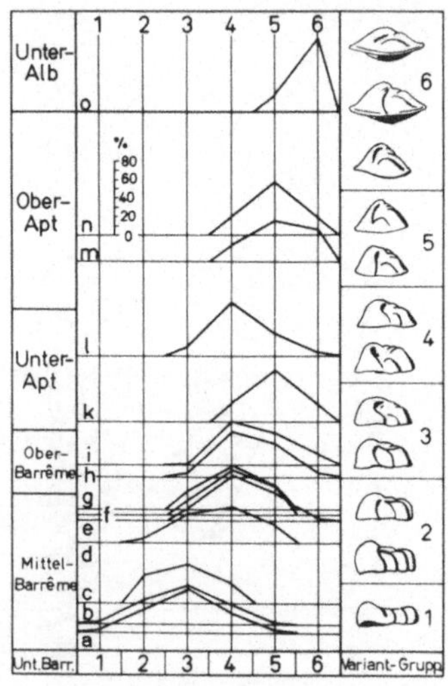

Fig. 124
Entwicklungsreihe von Conorotalites bartensteini
(a–c) über C. intercedens (d–g) zu C. aptiensis
(h–o). In der Unterkreide Norddeutschlands.
Variationsstatistische Merkmalsverschiebung (Aus: [1]).

Diese Beispiele, die uns stammesgeschichtliche Abläufe an großem statistischen Material
aufzeigen, ließen sich beliebig vermehren, da die mesozoische Schichtfolge durch
Tausende von Erdölbohrungen aufgeschlossen und ihr Foraminifereninhalt bestens
untersucht ist.

Im Tertiär haben wir im Bereich der Tethys noch einmal eine Entwicklung von Großforaminiferen, den Nummuliten (Fig. 125). Sie liefern mit ihrem komplizierten, sich
rasch entwickelnden Gehäusebau ausgezeichnete Leitfossilien. Außerdem treten sie
gesteinsbildend auf. Sie stellen mit einem maximalen Gehäusedurchmesser von 15 cm
(normalerweise 1 bis 5 cm) die größten Protozoen überhaupt.

Eine andere Frage soll noch angeschnitten werden: Die Protozoen gelten, auch wenn
wir wissen, daß eine Zelle schon ein hoch kompliziertes Gebilde ist, als einfach gebaute
Lebewesen, von denen die höher differenzierten Metazoen abstammen. Um so ver-
wunderlicher ist es, daß sie ihre große Blüte nicht in den ältesten Zeiten haben, sondern
auch, wie so viele hochentwickelte Tiergruppen, im Mesozoikum und heute. Es kann
nicht allein an Lücken in der Überlieferung liegen, daß wir eben aus früheren Zeiten
kein so reiches Material haben. Wir müssen wohl doch annehmen, daß die Einzeller
(= Protisten) ein eigenes Reich der Lebewelt sind und den gleichen Gesetzen der Ent-

wicklung unterliegen, wie die Reiche der Pflanzen und mehrzelligen Tiere, und daß
vielleicht die Lebensbedingungen auf der Erde sich doch stärker verändert haben, als
es die geologischen Funde ausdrücken. Nach den meisten Überlegungen scheint der
Anstieg des Sauerstoffgehaltes dabei eine große Rolle zu spielen.

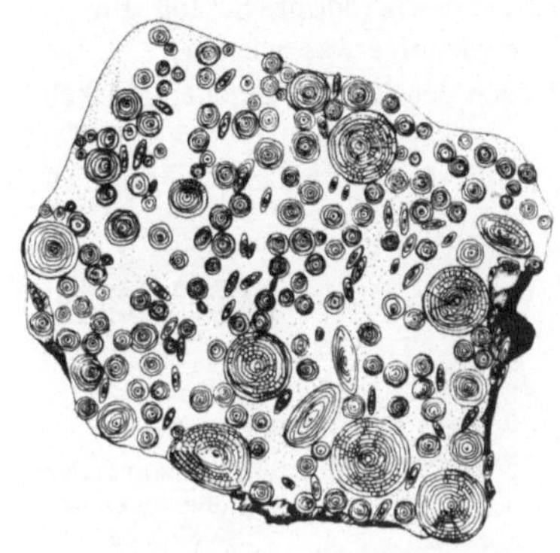

Fig. 125
Stück eines Nummulitenkalkes mit ver-
schieden angeschnittenen Gehäusen von
Nummulites aus dem Tertiär Spaniens.

Fig. 126
Globigerina, eine planktonische
Foraminifere, Kreide bis heute.

Erwähnt werden soll noch, daß wir ab oberstem Jura auch planktonische Foraminiferen
kennen, die in der Kreidezeit ihren ersten großen Höhepunkt haben (Globigerinen und
Verwandte, Fig. 126) und wesentlich zum Aufbau der Schreibkreide beitrugen. Auch
heute bedeckt der sog. Globigerinenschlick weite Flächen der Ozeane und erlaubt durch
Wechsel von kälte- und wärmeliebenden Arten die säkularen Klimaschwankungen der
letzten Millionen Jahre zu erkennen.

13.2. Lamellibranchiata

Obwohl die Muscheln seit dem Kambrium bekannt sind und in allen Flachwassersedi-
menten als Benthos ziemlich häufig vorkommen, haben sie die Fülle ihrer Möglichkeiten
an Formen erst in der Kreide erreicht. Da mit Ausnahme der Kiemen sich die meisten
Merkmale des Weichkörpers auch an der Schale erkennen lassen, kann man die fossilen
Muscheln gut in das System der heutigen eingliedern, wenn dieses auch nach dem Bau
der Kiemen aufgebaut ist. Die wichtigsten, an der Schale sichtbaren Merkmale für die
Systematik sind das Schloß, das Scharnier, in dem die beiden Klappen zusammen-
hängen, Muskelabdrücke der Schließmuskeln, die Ligamentgrube (automatische Öffnung
der Klappen) und der Mantelrand. Die äußere Gestalt und Skulptur hängen stärker von
der jeweiligen Umwelt ab und sind nur als Art- und Gattungsmerkmale brauchbar.

Eine äußerliche Unterscheidung von den Brachiopoden erlauben (s. Abschn. 8.3,
Fig. 35) die Symmetrieverhältnisse. Bei den Muscheln liegt die Symmetrie zwischen den
Klappen, die also spiegelbildlich gleich sind. Davon gibt es allerdings Ausnahmen, vor

allen Dingen bei festsitzenden, wie z. B. Austern oder freischwimmenden, wie z. B. Pecten.

Die ältesten Muscheln haben zwei Muskelabdrücke, keine oder schwache Zähne am Schloß. Als Beispiel diene Grammysia aus Silur und Devon (Fig. 127). Wahrscheinlich primitiv ist ein Schloß mit vielen gleichartigen Zähnchen, das taxodonte Schloß. Im Laufe der Entwicklung differenzieren sich die Zähnchen schon etwas, wie bei Glycimeris (Fig. 128). Man erkennt an diesem Stück auch deutlich die gleichen Muskel-

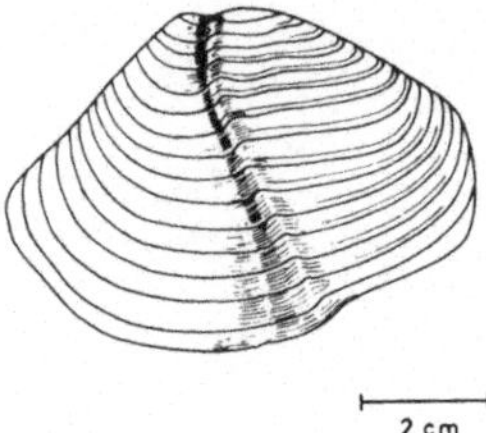

Fig. 129
Inoceramus, eine große, dickscha-lige Muschel aus der Kreide, die wichtige Leit-fossilien stellt.

Fig. 127
Grammysia, eine einfach gebau-te Muschel aus dem Devon der Eifel.

Fig. 128
Glycimeris, eine taxodonte Muschel aus Kreide und Tertiär (Tertiär des Mainzer Beckens).

eindrücke und den einfachen Mantelrand. Das ebenfalls wahrscheinlich primitive dyso-donte Schloß besteht aus kleinen Kerben und Runzeln senkrecht am Schloßrand, die aber sehr zurücktreten können. Muscheln dieses Schloßtyps zeigen eine Reduktion des vorderen Schließmuskels, der ganz verschwinden kann (Fig. 130). Außer einigen normalgestaltigen Muscheln, wie Inoceramus (Fig. 129), die für die Gliederung der oberen Kreide von besonderer Bedeutung ist, gehören durch festgewachsene Lebensweise untypische, wie Ostrea und Gryphaea (Fig. 130) oder die freischwimmenden Pecten (Fig. 131), hierher.

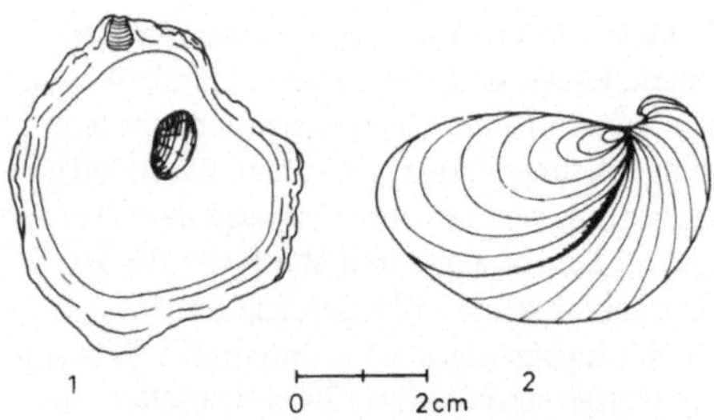

Fig. 130 1. Ostrea, die Auster, von innen; oben Ligamitgrube, Mitte der eine Muskelein-druck, (Kreide bis heute); 2. Gryphaea, eine Verwandte der Auster aus dem Lias die beiden Klappen sind sehr ungleich.

Fig. 131 Pecten, eine Muschel mit „Brachiopoden-symmetrie" Tertiär bis heute.

Das heterodonte Schloß (Fig. 132) besteht aus einem oder zwei Hauptzähnen und seitlichen Leisten mit entsprechenden Gruben in der Gegenklappe. Auch sie haben zwei gleiche Muskeleindrücke. Nur der Mantelrand ist bei den grabenden Formen, die einen Sipho besitzen, am Hinterrand eingebogen (sinupalliat). Eine Abart des heterodonten Schlosses ist das schizodonte, das bei einer relativ kleinen Gruppe von Muscheln auftritt. Ein charakteristischer Vertreter ist Trigonia aus Jura und Kreide mit der verschiedenartigen Berippung der Schale (Fig. 133). Eine Sonderentwicklung im oberen Jura und Kreide der Tethys stellen die Pachyodonta mit sehr massivem Schloß dar. Bei den Hippuriten (Fig. 134) war die rechte Klappe festgewachsen und kelchförmig verlängert, die linke nur ein Deckel. Sie bilden in der Kreide mächtige Riffe, ähnlich den Korallen. Wir sehen hier ein Beispiel von Konvergenz, in dem zwei nicht miteinander verwandte Tierarten durch gleiche Lebensweise gleiche Gestalt annehmen.

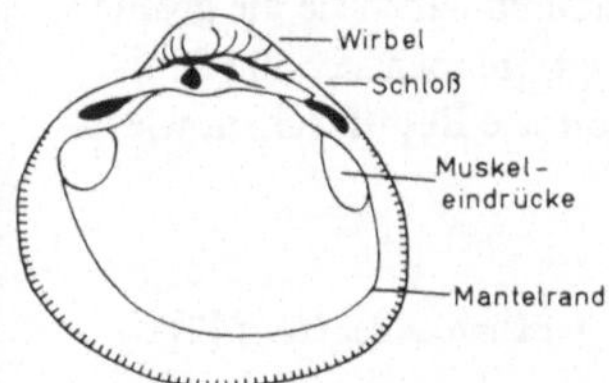

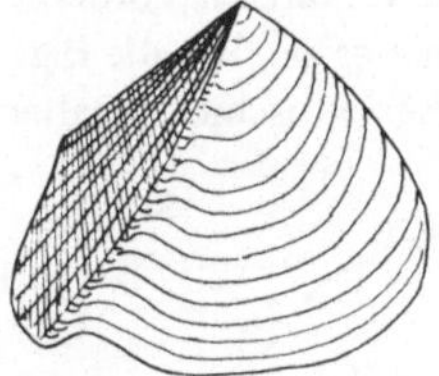

Fig. 132 Cytherea, eine heterodonte Muschel aus dem Tertiär des Mainzer Beckens.

Fig. 133 Trigonia aus Jura und Kreide.

Fig. 134 Hippurites, eine riffbildende Muschel aus der oberen Kreide der Tethys.

13.3. Reptilia II (Diapsida)

Die Sauromorphen (Diapsida) zerfallen in zwei Gruppen, die Lepidosauria, zu denen die heutigen Eidechsen und Schlangen (Squamata) nebst den Rhynchocephalen (Brückenechse Neuseelands, „lebendes Fossil") gehören, und die Archosaurier, zu denen außer den hier zu besprechenden Dinosauriern und Pterosauriern auch die Krokodile zu zählen sind.

Stammform der Archosaurier sind die Thecodontia, kleine, bewegliche, wohl räuberische Reptilien der Trias. Hesperosuchus aus der oberen Trias ist (Fig. 135) ein typisches Beispiel, mit zartem Körperbau, kräftiger Hinter- und schwachen Vorderbeinen, langem

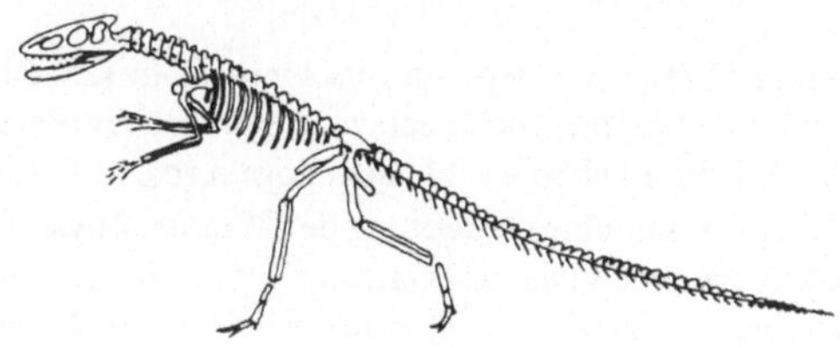

Fig. 135
Hesperosuchus, ein kleiner Thecodontier aus der Obertrias von Nordamerika (Aus: [2]).

Schwanz als Gegengewicht zum Oberkörper und leichtem Schädel. Zu den beiden
Schläfenöffnungen tritt noch eine große zwischen Augen und Nase. Neben den Stamm-
formen der Dinosaurier und Pterosaurier enthalten die Thecodontia auch große, zum
Teil krokodilähnliche Gestalten. Der Name rührt daher, daß die Zähne in Gruben
(Theken) der Kieferränder eingelassen waren.

13.3.1. Dinosaurier. In Fig. 136 ist die weitere Entwicklung der Dinosaurier dargestellt,
die bald zu Riesenformen führt (Brontosaurus bis 30 m Länge, Tyrannosaurus bis 10 m
lang und 5 m hoch). Die meisten waren, wie ihr Gebiß zeigt, Pflanzenfresser, die sich
häufig mit einer kräftigen Panzerung vor ihren räuberischen Verwandten der Linie des
Tyrannosaurus zu schützen versuchten. Viele der Pflanzenfresser kehren zur vierfüßigen
Lebensweise zurück, behalten aber die von den Thecodontia übernommenen langen und
kräftigen Hinterbeine und die verkürzten Vorderbeine. Dadurch haben sie die größte
Höhe des Körpers in der Kreuzregion. Wie die Fig. 136 zeigt, trennen sich die Dinosaurier früh in zwei Linien, die Saurischier behalten das normale Reptilbecken, wie es

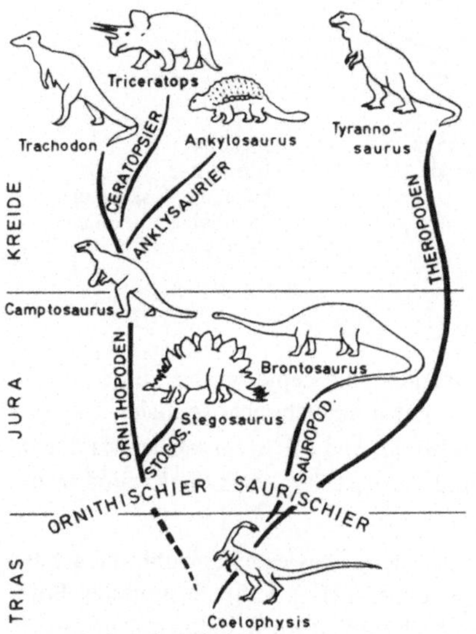

Fig. 136
Entwicklung der Dinosaurier (Aus: [2]).

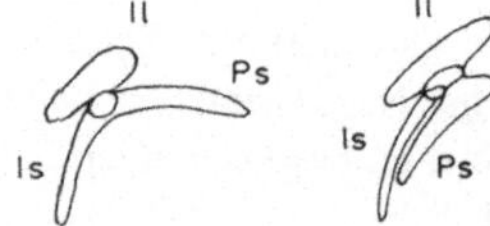

Fig. 137
Beckenform der Saurischier (links)
und Ornithischier (rechts) schematisch.

Fig. 137 zeigt; bei den Ornithischiern dreht sich das Pubis nach hinten an das Ischium
und bildet gelegentlich nach vorn einen neuen Fortsatz, das Präpubis. Die gleichen
Verhältnisse haben wir bei den Vögeln (daher Ornithischia, Vogelbecken). Das Schau-
bild kann nur eine Andeutung der Mannigfaltigkeit geben, — sind doch allein aus der
oberen Kreide etwa 200 Gattungen der Dinosaurier bekannt. Am Ende der Kreide
sterben sie nachkommenlos aus, wieder eines der großen Probleme der Paläontologie.

Biologische Ursachen, Überhandnehmen der
Raubsaurier, Auftreten der Säugetiere blieben
als Erklärungen unbefriedigend, da sich im allgemeinen ein Gleichgewicht zwischen Feind
und Beute einstellt. So versucht man es mit
klimatischen oder sogar kosmischen Ursachen.
Ein Hinweis ist vielleicht, daß Saurier-Eier-
schalen aus der obersten Kreide Südfrankreichs
bei elektronenmikroskopischer Beobachtung
Anomalien zeigen, die man bei Hühnereiern findet, die Kälteschocks ausgesetzt waren. Aber
auch dies könnte nur vorübergehend gewesen
sein, denn noch im Alttertiär haben wir in
Europa ein fast tropisches Klima. Wir werden
in Abschn. 16.8 noch einmal darauf zurückkommen.

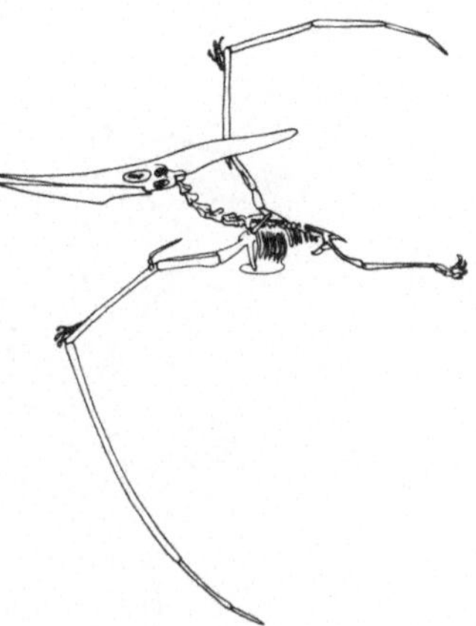

Fig. 138
Pteranodon, ein riesiger Flugsaurier aus
der Oberkreide Nordamerikas (Aus: [2]).

13.3.2. Pterosaurier. Von kleinen, vielleicht baumbewohnenden Thecodontia dürften
auch die Flugsaurier (Pterosauria) abstammen. Da wir in der Überlieferung nur auf
Meeressedimente angewiesen sind, bleiben uns solche Entwicklungen nicht erhalten.
Diese fanden wahrscheinlich in Waldgebieten statt, die außer „Kohlesümpfen" niemals
Ablagerungsgebiete sind. Alle bekannten Flugsaurier lebten am Meer und waren Fisch-
räuber. Im Gegensatz zu den Vögeln spannen sie, ähnlich den Fledermäuse unter den
Säugern, eine Flughaut, stützen diese aber im Gegensatz zu den Fledermäusen nur mit
einem Finger, während die anderen als funktionsfähige Krallen erhalten bleiben.
Fig. 138 zeigt eine Endform aus der oberen Kreide, Pteranodon, mit etwa 6 m Flügel-
spannweite. Der kräftige „Schnabel" wird durch die Verlängerung des Hinterkopfes
aufgewogen. Ein vogelähnliches Sternum diente dem Ansatz der Flugmuskulatur. Diese
aktiven, großen Tiere waren wahrscheinlich warmblütig und dürften eine primitive
Form der Brutpflege gehabt haben, und es ist denkbar, daß der pelikanähnliche
„Schnabel" dazu diente, Fische zu den Jungen zu transportieren. Rhamphorhynchus
(Fig. 139) aus dem oberen Jura besitzt einen langen Schwanz mit einem „Steuerruder"
am Ende (in Fig. 139 ergänzt nach anderen günstigen Fundstücken). Auch die Flugsaurier sterben am Ende der Kreide nachkommenlos aus, während die Vögel (s. Abschn.
14.2) bruchlos über diese Grenze gehen und sich im Tertiär explosiv entfalten.

13.4. Verbreitung der Kreide

In der untersten Kreide, dem sog. Wealden stehen England und Nordwestdeutschland
unter terrestrischem Einfluß mit Sand und Tonablagerungen und gelegentlich eingeschalteten Kohlen (Deister). Doch bald dringt das Meer in mehreren Schüben vor

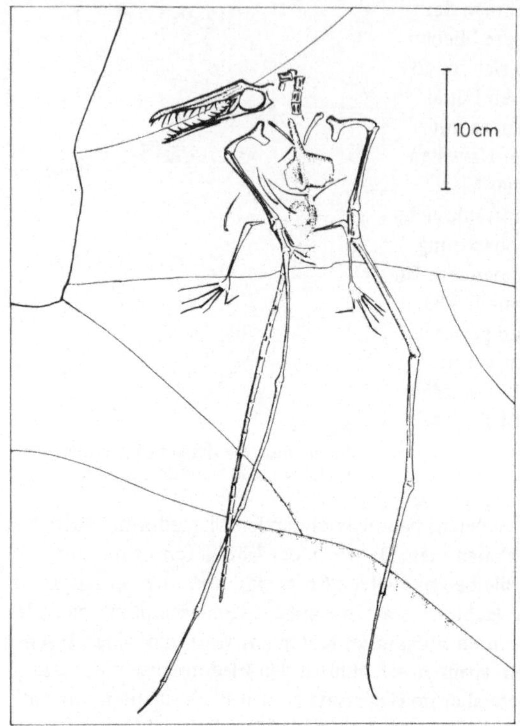

Fig. 139
Rhamphorhynchus
ein Flugsaurier aus
dem Malm (Soln-
hofen).

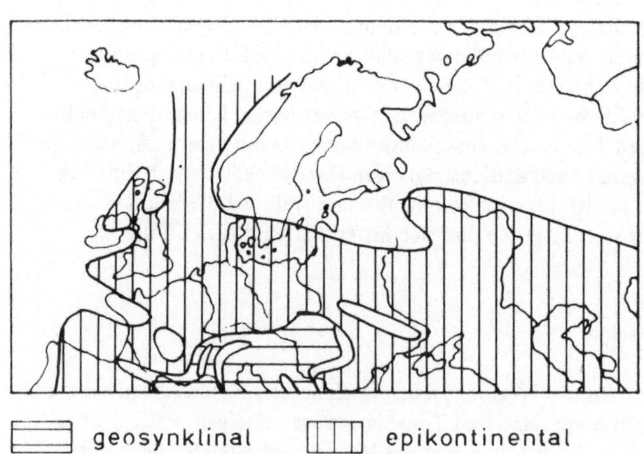

Fig. 140
Paläogeographie der
Kreide.

(Fig. 140). Während in der unteren Kreide meist sandige und tonige Gesteine vorherr-
schen, sind es in der oberen meistens Kalke. Zu diesen gehören die typische Schreibkreide und der „Pläner", ein etwas sandiger Kalkmergel, meist gut zur Zementherstellung
geeignet. In den küstennahen Gebieten wird weiterhin Sand sedimentiert, so bei Aachen
und im Ruhrgebiet Grünsande (glaukonithaltig) oder die mächtigen Sandsteine des
sächsich-böhmisch-schlesischen Raumes (Sächsische Schweiz, Fig. 141; Heuscheuer).
Gegen Ende der Kreide zieht sich das Meer zurück, so daß die letzte Stufe, das Dan, nur
noch im dänischen Raum entwickelt ist.

Fig. 141 Bastei im Elbsandsteingebirge südlich von Dresden, Quadersandstein der Kreide.

Ein weiteres Charaktergestein sind die Feuersteine, durch eingelagerte organische
Substanz schwarze Kieselsäureausscheidungen, die lagenweise in regelmäßigen Abstän-
den von 10 bis 30 cm die weißen Kreidekalke von England bis Rügen durchziehen.
Rasen von Kieselschwämmen, verbunden mit einer Verwitterung auf dem Festland, die
die Kieselsäure mobilisierte, dürften zusammen zu diesen einmaligen Bildungen geführt
haben. Auch aus anderen Formationen kennt man in Kalken lagenweise Verkieselungen,
die aber meist hell sind (Hornstein) und kaum in dieser Regelmäßigkeit auftreten.
In der Tethys zeigt sich durch die ersten Faltungen der alpidischen Gebirgsbildung
eine starke Gliederung des Sedimentationsraumes. Auf den Schwellen bilden sich
Hippuritenriffe, der Schutt schon aufgefalteter Teile der Geosynklinale lagert sich als
Flysch der westlichen Alpen ab.
Ein lückenloser Übergang von der Kreide zum Tertiär ist nur im Ostseeraum und
einem Teil der Alpen (Flyschzone) bekannt. Überall, wo wir sonst in Europa Tertiär
kennen, liegt zwischen diesem und der Kreide eine mehr oder weniger große Lücke.

Das gleiche gilt auch für Nordamerika, wo in der Kreidezeit schon die Hauptfaltung des Felsengebirges stattfand, verbunden mit Kohlebildung in den Innensenken.

13.5. Entstehung des Erdöls

Da Sandsteine der Kreide zu den wichtigsten Erdölträgern zählen, sollen hier ein paar Worte über die Entstehung des Erdöls eingeschaltet werden. Mit Ausnahme einiger sowjetrussischer Forscher ist man sich einig, daß das Erdöl organischen Ursprungs und zwar im wesentlichen aus pflanzlichem und tierischem Plankton entstanden ist. Keine einmaligen Katastrophen, sondern stetige Ablagerungen der zum Meeresboden sinkenden abgestorbenen Lebewesen führte zur Anhäufung solch ungeheurer Menge organischer Substanz, von denen in der Hauptsache nur die Fette zur Bildung des Erdöls führten. Modell des Bildungsraumes war das Schwarze Meer, ein geschlossenes Becken mit mangelnder Durchlüftung der unteren Wasserschichten, aber einem reichen Pflanzen- und Tierleben in den oberen 200 Metern. Der am Boden fehlende Sauerstoff ließ auch keine Aasfresser die absinkenden Reste zerstören. Nur anaerobe Bakterien zersetzten die komplizierten organischen Verbindungen. Es entstand ein Faulschlamm, der später zum Ölschiefer wurde (vgl. den Posidonienschiefer, s. Abschn. 12.3). Heute weiß man, daß nicht nur im abgeschlossenen Becken, sondern bei geeigneten Strömungsverhältnissen oder sehr schneller Sedimentation auch im offenen Meer sich Faulschlamm bilden kann. Wie bei der Kohlebildung (s. Abschn. 9.2) folgt auf die biochemische Zersetzung die geochemische mit etwas erhöhten Temperaturen (nicht über 200 °C) und katalytischer Wirkung der Tonmineralien und einiger Schwermetalle. Das Urbitumen wird bei der Diagenese des Tons zu Schiefer bei entsprechendem Überlagerungsdruck ausgepreßt (auch ein hochkomplizierter Vorgang) und wandert nun, gefolgt vom Wasser nach oben. In geeigneten Strukturen (Falten, an Verwerfungen, an Salzstöcken, Fig. 142) sammelt es sich in porösen Gesteinen (Sandstein, klüftige Kalke u. a.) und bildet dort eine Lagerstätte. Im Gegensatz zur Kohle ist also das Erdöl nicht mehr im primären M u t t e r - g e s t e i n den Ölschiefern, sondern im sekundären S p e i c h e r g e s t e i n . Aus dem Ölschiefer das Öl zu gewinnen ist unter den gegenwärtigen Verhältnissen unwirtschaftlich.

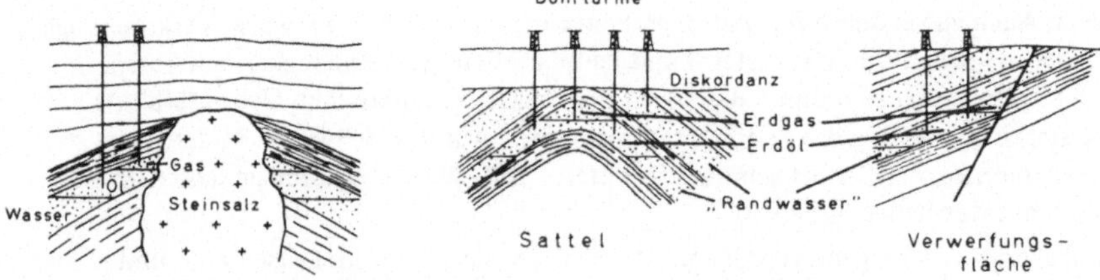

Fig. 142 Schematische Darstellung der Haupttypen von Erdöllagerstätten.

14. Tertiär

Der Name stammt aus der Zeit, als man eine Primärformation (Granit und kristalline
Schiefer, wie Gneis u. a.) und eine Sekundärformation der festen Gesteine von einer
Tertiärformation der lockeren Gesteine mit einer der heutigen Lebewelt ähnlichen
Fauna unterschied (erstmalig am Alpenrand). Auch die Namen der Stufengliederung
beziehen sich auf die der heutigen immer ähnlicher werdenden Tierwelt. Das Tertiär
ist die große Zeit der Entwicklung der Säugetiere und der Vögel, die beide hier
besprochen werden. Dazu kommt eine Gruppe von Wirbellosen, die Schnecken, die
ebenfalls im Tertiär ihren Höhepunkt der Entwicklung haben.

14.1. Gastropoda

Die Schnecken sind seit dem Kambrium bekannt, zeigen aber erst ab Jura eine starke
Entwicklung und Verbreitung und erreichen im Tertiär ihren Höhepunkt. Die Ein-
gliederung der fossilen Schnecken in das zoologische System ist schwierig, da das
Gehäuse meist nicht so viele Weichkörpermerkmale wiedergibt, wie bei den Muscheln
oder Brachiopoden, und die heutigen Schnecken nach der Kreuzung des Nervensystems,
den Kiemen und der Radula gegliedert werden. Die fossilen Schnecken müssen dagegen
vor allem nach Art der Windung, Form und Ausbildung der Mündung und zuletzt nach
der Skulptur gegliedert werden.

Sechs Unterklassen werden unterschieden, von denen eine ganz auf das Paläozoikum
beschränkt ist.

Monoplacophora sind nur aus dem Altpaläozoikum und den heutigen Meeren bekannt
(Neopilina) und entwicklungsgeschichtlich interessant, weil sie primär napfförmig

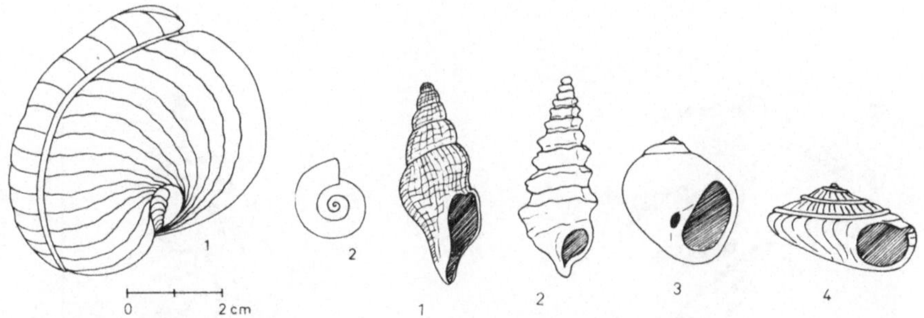

Fig. 143 1. Bellerophon, eine involut
aufgerollte Schnecke aus dem
Devon, 2. Planorbis, eine
evolut aufgerollte Lungen-
schnecke aus dem Pleistozän.

Fig. 144
Verschiedene Schneckenformen: 1. Pleurotoma
(Tertiär) 2. Cerithium (Tertiär) 3. Natica, eine
Raubschnecke (Tertiär bis heute), 4. Pleuroto-
tomaria (Paläozoisch).

sind und 8 Muskeleindrücke besitzen, die auf segmentierte Vorfahren hindeuten. Die Bellerophontida, Unterkambrium bis Trias, sind unvollständig oder in der Ebene aufgerollt. Als Beispiel diene Bellerophon, Silur bis Untertrias, Fig. 143. Die meisten fossilen und rezenten Schnecken gehören zu den Prosobranchia, von denen ein paar fossile Gattungen gezeigt werden sollen (Fig. 144). Im Tertiär des Mainzer Beckens treten Schnecken (unter anderem Cerithium) auch gesteinsbildend auf. Von den Opistobranchia (Unterkambrium bis rezent) sind nur die Pteropoden, die planktonisch leben, zu erwähnen, da sie im Pteropodenschlamm der Hochsee auch gesteinsbildend sind. Die landbewohnenden Pulmonata, (Lungenschnecken) sind erst seit dem Malm bekannt; Verwandte der Weinbergschnecke Helix finden sich ab Oberkreide, ebenso die in der ebenen Spirale aufgerollte Planorbis (Fig. 143).
Als Leitfossilien finden Schnecken keine Verwendung, da auch die Arten meist langlebig sind. Als Faziesanzeiger können sie in jüngeren Formationen Bedeutung haben, ebenso gelegentlich als Gesteinsbildner.

14.2. Aves

Die Vögel stammen aus der Verwandtschaft der Archosaurier, und wenn wir das Skelett eines frühen Thecodontiers (Fig. 135) mit dem des Archaeopteryx (Fig. 145) vergleichen, werden wir viele Gemeinsamkeiten finden. Vergleichen wir diesen wieder mit einem heutigen Vogel, so haben wir ein gutes Beispiel für die sog. „Watsonsche Regel", der Mosaikentwicklung oder heterochronen Merkmalsverschiebung. Dies besagt: die Entwicklung eines neuen Bauplanes geht nicht in breiter Front, also in allen Merkmalen voran, sondern einige Merkmale entwickeln sich schnell, andere langsam, und die Zwischenformen zeigen ein Mosaik der Merkmale (s. Abschn. 16.7).

Vergleichen wir also den Archaeopteryx mit einem heutigen Vogel: „fortschrittlich" ist 1. die Anwesenheit von Federn statt von Hornschuppen der Reptilien, wahrschein-

Fig. 145
Vergleich des Skeletts von Archaeopteryx mit dem einer Taube. Schwarz die Teile, die sich stärker verändert haben (Aus: [2]).

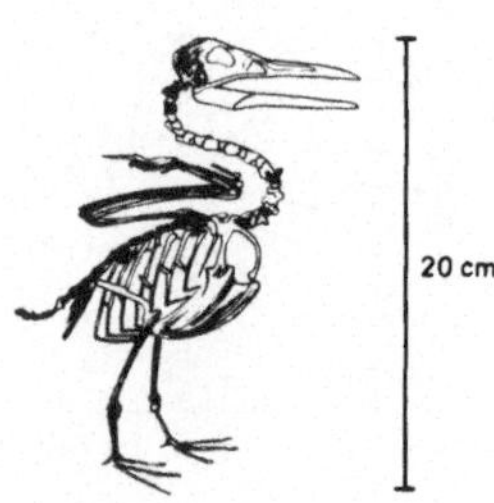

Fig. 146
Ichthyornis, ein mövenähnlicher Seevogel der Kreide Nordamerikas. (Aus: [6]).

lich überhaupt als eines der ersten Merkmale in Richtung Vogel entwickelt. 2. Der Besitz von Flügeln; diese zeigen aber noch nicht die starke Verschmelzung der Knochen wie bei den echten Vögeln. 3. Im Becken ist das Pubis nach hinten gerückt, aber noch nicht verschmolzen. „Konservativ" ist 1. der Schädel, der nur eine geringe Vergrößerung des Gehirns zeigt, aber sonst ganz reptilähnlich ist; 2. der lange Schwanz; 3. die ganze übrige Körpergestalt, die den zweifüßigen Thecodontia noch sehr ähnlich ist. Leider fehlen uns jegliche Kenntnisse der Vorfahren des Archaeopteryx und wahrscheinlich vorhandener Zeitgenossen. Vom Archaeopteryx selbst haben wir nur drei Stücke aus der Lagune von Solnhofen (s. Abschn. 12.2).

Aus der Kreide sind unsere Funde nur wenig reichhaltiger, die Entwicklung ist deutlich weitergegangen (Fig. 146). Ichthyornis unterscheidet sich im wesentlichen nur noch durch die bezahnte Schnauze anstatt eines Schnabels von den modernen Vögeln. So ist das Sternum gut entwickelt, die Flügelknochen reduziert, bzw. verschmolzen, die Wirbelsäule des Schwanzes zurückgebildet.

Unter Einbeziehung des fossilen Materials gliedert man die Vögel in drei Unterklassen: Sauriurae, nur vertreten durch den Archaeopteryx des oberen Malm, Odontognathae vertreten durch Hesperornis und Verwandte aus der oberen Kreide und Neornites ab Unterkreide; zu diesen gehört der oben gezeigte Ichthyornis. Im Tertiär entwickeln sich alle Ordnungen der heutigen Vögel, sowohl die Ratitae, die flugunfähigen Lauf- vögel, die im Quartär einige Riesenformen hervorgebracht haben, als auch die Carinatae, die flugfähigen Vögel. Verglichen mit der heutigen Fülle an Familien und Gattungen, sind die fossilen Funde gering, was einerseits mit dem Biotop, zum anderen mit der Zartheit der meisten Vogelknochen zu erklären ist.

14.3. Mammalia

14.3.1. Allgemeines. In Abschn. 10.1 haben wir die Entwicklung der säugetierähnlichen Reptilien, der Theromorphen in Richtung zu den Säugetieren verfolgt. Wir schlossen mit der Feststellung, daß paläontologisch eine Trennung auf dieser Stufe nicht möglich ist und konventionell die Grenze nach der Entwicklung des Unterkiefergelenk-Gehör- knöchelapparates gezogen wird. Die Zahnentwicklung vom einfachen, gleichförmigen, konischen Reptilzahn zum dreispitzigen mit Wurzel versehenen Molaren, morphologisch gegen Incisiven, Caninus und Prämolaren abgesetzt, konnten wir bei den Therapsiden beobachten. Die starke Differenzierung bei den Molaren bleibt weiter für die paläonto- logische Entwicklung der Säugetiere von besonderer Bedeutung, da die Zähne bei kleinen Tieren, wie es die frühen Säuger waren, häufig das einzige erhaltungsfähige Element sind, oft in Verbindung mit Kieferknochen. Erst aus der oberen Kreide kennen wir einige ganze Schädel. Fig. 147 zeigt einen Ausschnitt aus der Vielfalt der Entwick- lungsmöglichkeiten. Ausgangspunkt ist der tribosphenische Zahn der Pantotheria (s. Fig. 148) der aus dem symmetrodonten Zahn entstanden ist, in dem die drei Spitzen noch in einer Ebene liegen. Welche der 3 Spitzen dem einfachen Reptilhauptkonus

homolog ist, wird von den verschiedenen Forschern verschieden beurteilt. Bei den
fleischfressenden Gruppen, den ursprünglichen Insectivoren und den Carnivoren,
bleibt dieser Zahntyp nur wenig verändert erhalten (Ausnahme Ursus, der nicht mehr
ausschließlich Fleischfresser ist). Bei den Pflanzenfressern wird durch zusätzliche
Höcker die Kaufläche vergrößert. Häufig werden dabei die Prämolaren den Molaren
angeglichen. Bei vielen, besonders bei den Grasfressern, werden die Höcker durch
Leisten verbunden, die charakteristische Schleifenmuster bilden (Pferde, Rinder usw.).

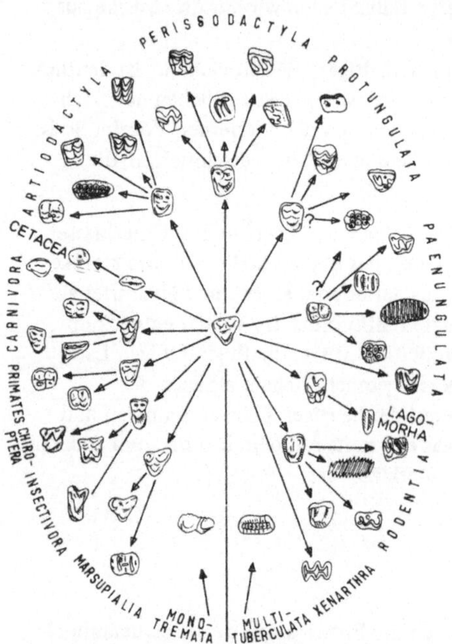

Fig. 147 Entwicklung der Molaren in den verschiedenen Säugetierordnungen (Aus: [7]).

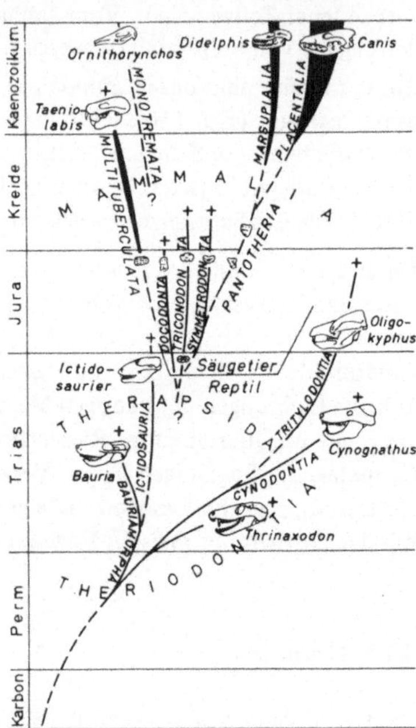

Fig. 148 Herkunft und Erstentfaltung der
Säugetierordnungen (Aus: [7]).

Aus Fig. 148 können wir unsere heutige Vorstellung von der Entwicklungsgeschichte
der Säugetiere entnehmen. Obwohl sicher schon in der oberen Kreide eine Differenzierung und Aufspaltung des zu den Insektenfressern zu stellenden Stammes begann,
haben wir erst mit Beginn des Tertiärs genauere Kenntnisse, gleich aber auch eine ungeheure Formenvielfalt im Paläozän. Aus der Fülle des Materials sollen hier nur zwei
Beispiele herausgegriffen und etwas ausführlicher dargestellt werden.[1]

---

[1] Wer mehr darüber erfahren will, sei auf Thenius, E.; Hofer, H. 1960 verwiesen, aus dem auch die
angeführten Beispiele entnommen sind.

14.3.2. Perissodactyla. Gemeinsam ist die Verstärkung der Mittelachse in Hand und Fuß und der Verlust des ersten Strahls, am Hinterfuß auch des fünften, verbunden mit Ausbildung des Zehenganges. Die Vorfahren im Paläozän waren wohl schnelle Läufer. Bei all den Familien, die mit zunehmender Größe schwerfälliger wurden, blieb es bei dieser Reduktion. Nur die Familie der Equidae führt, besonders, nachdem sie Steppenbewohner geworden waren, diese Entwicklung weiter bis zur Einzehigkeit (Fig. 149). In Fig. 150 ist die Geschichte der ganzen Ordnung mit einigen typischen Vertretern dargestellt. Wir sehen, daß die Hauptentwicklung der Gruppe im Alttertiär lag. Die Entwicklung der Molaren geht in den verschiedenen Gruppen etwas unterschiedlich vom 4 höckerigen Zahn zum Faltenmuster.

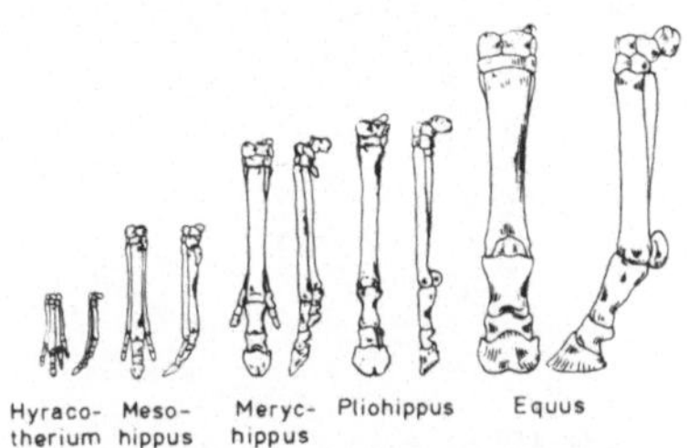

Fig. 149 Entwicklung des Fußes bei den Pferden (Aus: [7]).

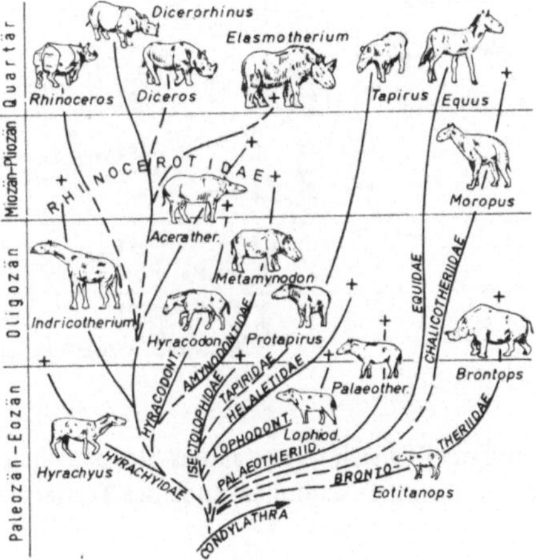

Fig. 150 Entfaltung der Unpaarhufer (Aus: [7]).

Am Beispiel der Pferde sei in Fig. 151 gezeigt, wie sich zunächst das Faltenmuster bildet und dann beim Übergang zum Grasfressen die Hochkronigkeit. Die harten, meist SiO_2 enthaltenden Gräser nutzen den Zahn stark ab, so muß er immer länger werden, wenn er ein Leben lang reichen soll. Der Zahn wächst, indem die Falten immer höher werden und zwischen ihnen der Zement der Zahnwurzel mit hochwächst; beim Abkauen tritt dann an den Falten auch das Dentin an die Oberfläche, die jetzt durch den Wechsel Zement − sehr fester Schmelz − Dentin mit etwas unterschiedlicher Abnutzung immer eine rauhe Kaufläche bildet.

Die Entwicklung von Hyracotherium, klein, vierzehig, mit niedrigen vierhöckrigen Zähnen, zu Equus, groß einzehig, mit hohen Zähnen mit kompliziertem Schmelzfaltenmuster, wurde oft als Beispiel für O r t h o g e n e s e (s. Abschn. 16.5) hingestellt. Schon die Entwicklung des Z a h n s t a m m b a u m e s in Fig. 151 zeigt uns einen normal verzweigten Stammbaum, aus dem nur zwei Linien eben durch ihre Fähigkeit, auch Grasnahrung auszunutzen, bei der allgemeinen Klimaänderung ihrer Heimat

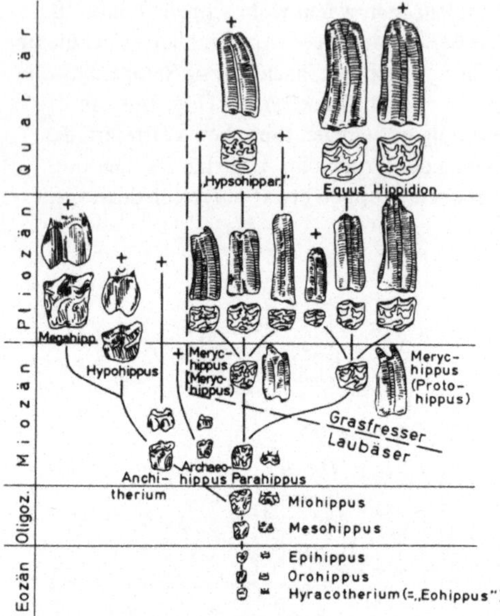

Fig. 151
Stammbaum der Pferde anhand der
Molaren. (Aus: [7]).

Nordamerika sich weiter an das Steppenleben anpassen konnten, während die verschiedenen Laubäser schon am Ende des Tertiärs aussterben.

14.3.3. Paenungulata.

14.3.3. Paenungulata. Auch die Paenungulata hatten ihre Hauptentfaltung im Alttertiär, wie in Fig. 152 zu sehen ist. Eine zweite V i r e n z - P h a s e d. h. Differenzierung und Verbreitung nach Entstehen eines neuen Bauplanes, haben sie im Jungtertiär und **Quartär** in der Familie der Elefanten. Die gemeinsamen Vorfahren müssen schon in der oberen Kreide zu suchen sein. Aus dem Paleozän kennen wir schafähnliche Vertreter mit tribosphenischen Molaren. Da die Entwicklung der Elefanten sehr gut belegt ist, soll sie am Beispiel der Schädelumbildung in Verbindung mit dem phylogenetischen Wachstum der Stoßzähne und der Spezialisierung der Molaren aufgezeigt werden (Fig. 153). Möritherium aus dem Eozän besitzt noch ein normales Laubäsergebiß, bei dem allerdings die Tendenz der zukünftigen Entwicklung schon zu bemerken ist: Reduzierung der Prämolaren, kräftiges Wachstum des 2. unteren und oberen Schneidezahnes. Zunächst wachsen diese im Unter- und Oberkiefer gleichmäßig in die Länge. Erst im Pliozän gehen die des Unterkiefers verloren. Auch die Prämolaren verschwinden, und die Zahl der Molaren wird reduziert, wobei durch Vergrößerung des Einzelzahnes die Kaufläche gleich groß bleibt. Dies wird erreicht durch Anlage weiterer Höckerreihen (Fig. 154).

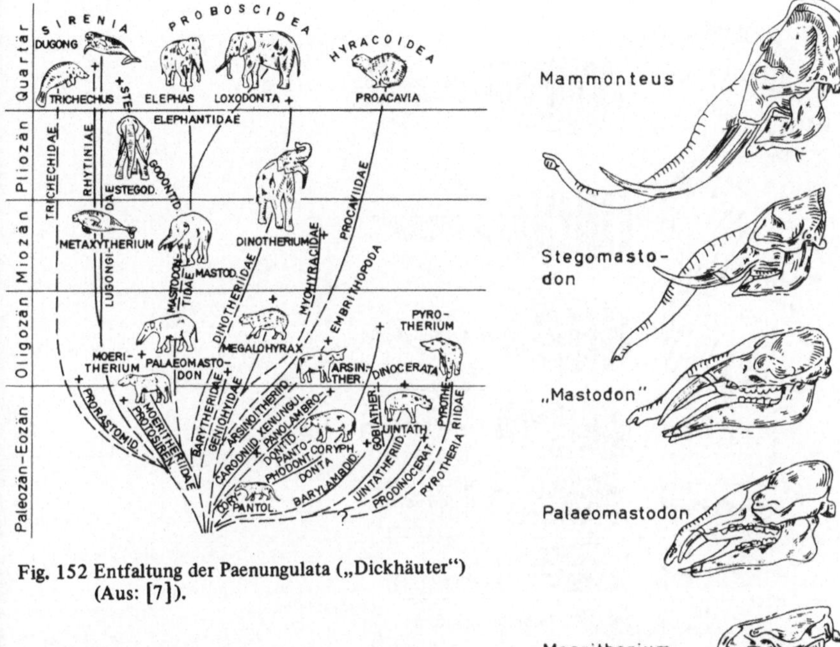

Fig. 152 Entfaltung der Paenungulata („Dickhäuter")
   (Aus: [7]).

Fig. 153 Entwicklung des Schädels der Elephantiden
   (Aus: [7]).

Die Wald-Elefanten des Pliozän haben noch niedrige Kronen, doch dann tritt der
gleiche Vorgang wie bei den Pferden ein, der Zahn wird höher, und der Zement wandert
in die Rillen und schafft so beim Abkauen eine rauhbleibende Fläche. Außerdem ist
nur noch 1 Molar pro Kiefer funktionsfähig, der nach dem Abkauen von hinten her
durch den nächsten ersetzt wird. Verbunden ist diese Entwicklung, wie bei den Pferden
auch, mit Größenzunahme.

Beide Stämme, Elefanten und Pferde, stehen heute wahrscheinlich am Ende ihrer Entwicklung und werden geologisch gesehen, in absehbarer Zeit aussterben. Andere
Gruppen der Säugetiere, wie die Paarhufer und unter diesen die Rinder oder die Nage-
tiere, haben den Höhepunkt ihrer Entwicklung wohl noch nicht erreicht. Wenn wir
über die Geschichte der landbewohnenden Säugetiere besser Bescheid wissen als über
die von Festlandbewohnern anderer Zeiten, hat das einen Hauptgrund darin, daß
während des Tertiärs sich die heutigen Grenzen von Land und Meer herausgebildet
haben und wir in großem Maße terrestrische Ablagerungen kennen, die noch nicht wieder abgetragen sind.

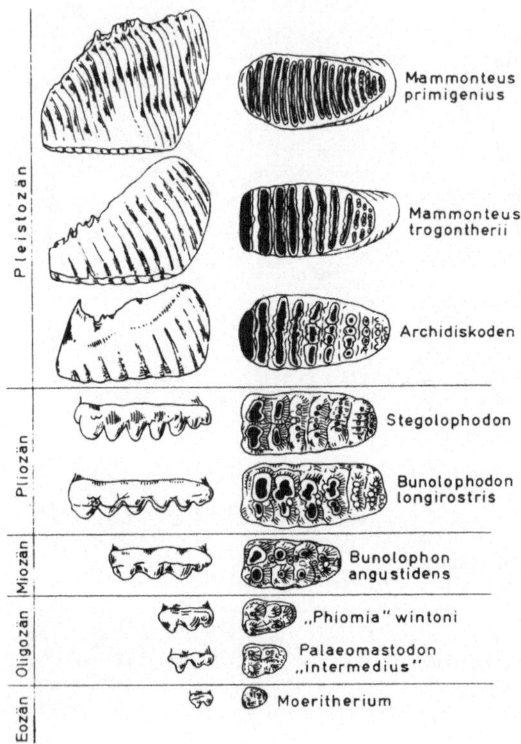

Fig. 154
Entwicklung der Molaren
der Elephantiden (Aus: [7]).

14.4. Verbreitung des Tertiärs

Einige wichtige Ereignisse können aus dem Tertiär Europas hervorgehoben werden.
Einmal der langsame, wenn auch nicht ununterbrochene Rückzug des Meeres zu seinen
heutigen Grenzen (Fig. 155). Zwischendurch allerdings beobachten wir ein Durch-
brechen des Meeres über die hessische Senke, das Mainzer Becken und den Oberrheintalgraben zur Tethys. In den genannten Gebieten sind zum Teil recht mächtige
marine Ablagerungen des Tertiärs bekannt. Parallel dazu ging die Heraushebung der
heutigen Mittelgebirge, d. h. also des im Mesozoikum eingeebneten Rumpfes des
variscischen Gebirges. Manche dieser Gebirge, zum Beispiel die Eifel, zeigen noch als
Hauptelement der Morphologie diese ursprünglich etwa im Meeresniveau liegende
Ebene, in die die Flüsse nun mit tiefen und steilen Tälern eingeschnitten sind (Fig. 156).
Zugleich treten an Kreuzungen von Bruchzonen dieser Heraushebungen vulkanische
Gesteine heraus, in der Hauptsache Basalte. (Siebengebirge bei Bonn, Westerwald und
Eifel, Kaiserstuhl im Oberrheintalgraben und Hegauvulkane nördl. des Bodensees, dazu

große Basaltvulkane im hessischen Raum, Vogelsberg u. a.). Diese blockweise Heraushebung an Verwerfungen war die Reaktion des durch die variscische Faltung stabili-
sierten Untergrundes auf die allgemeine gebirgsbildende Unruhe der Zeit, die im Raum
der Tethys zur Herausfaltung unserer heutigen Hochgebirge von den Pyrenäen bis
Asien führte. Von der ungeheueren Gewalt dieser Kräfte können wir uns ein Bild

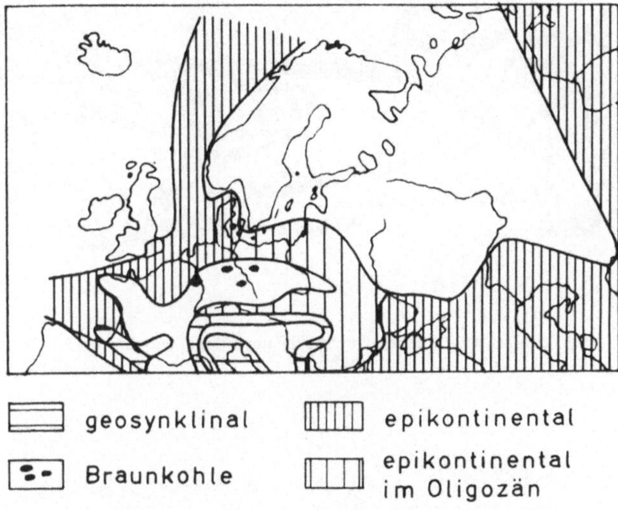

Fig. 155
Paläogeographie des
Tertiärs in Europa.

machen, wenn wir die Alpen durchwandern: Mächtige Schichtpakete, die in enge Falten
geschoben sind (Fig. 157), oder ganze Bergmassive, die über viele Kilometer hinweg
über andere, z. T. jüngere Gesteine transportiert wurden („Deckenbau der Alpen").

Wie schon im Karbon, waren diese Zeiten der Unruhe verbunden mit Kohlebildung am
Alpenrand, zwar nur einige wenige Flöze (Tegernsee), nördlich der Mittelgebirge aber,
durch das ruhige und stetige Absinken des stabilen Untergrundes, die mächtigen
Braunkohlenflöze von der Kölner Bucht (bis zu 100 m Kohle) bis in die Lausitz.

Eins dieser Vorkommen verdient vom paläontologischen Standpunkt aus besonders
erwähnt zu werden, das Geiseltal bei Halle/Saale. Die Absenkung erfolgte dort allerdings
nicht tektonisch, sondern durch Auslaugung der mächtigen Steinsalze des Zechsteins
im Untergrund. Während im allgemeinen in der Kohle die Humussäuren alle Knochen
und andere Hartteile schnell zerstören, so daß nur widerstandsfähige Pflanzenreste
erhalten bleiben, wurden im Geiseltal durch kalkhaltige Wasser aus den umliegenden
Muschelkalkhöhen die Humussäuren neutralisiert, und so konnten Reste einer reichen
Fauna erhalten bleiben. Neben Tieren des Wassers und des Sumpfes, wie Fischen und
Fröschen, finden wir solche des Waldes und der Steppe, die wohl zur Tränke in das
Moor kamen, wie Halbaffen und Urpferdchen. Daneben gibt es aber auch vorzüglich
erhaltene Insektenreste verschiedenster Art. Bis 1958 wurden über 35000 Funde

Fig. 156 Das Kylltal in die Hochfläche der Eifel eingeschnitten.

Fig. 157 Faltung in der Kreide an der Axenstraße am Urner See (Schweiz).

geborgen, darunter etwa 36 Säugetierarten, 20 Vogelarten, 44 Reptilienarten, 17 Amphibienarten, 3 Fischarten (in 1500 Exemplaren), 55 Insektenarten usw. Die Fossilien finden sich in Leichenfeldern, wohl ehemaligen Tümpeln, angereichert, diese werden dann beim Abbau ausgespart, bis die Paläontologen aus Halle mit komplizierten Methoden die Funde sichergestellt haben[1]).

15. Quartär

Der Name entstand in Fortsetzung der Bezeichnung Tertiär für die darüberliegenden meist deutlich davon abgesetzten jüngsten Lockersedimente. Das Quartär gliedert sich in das Diluvium (lat., Sintflut) = Eiszeitalter und Alluvium (Anschwemmung), die heutige Zeit mit den letzten 10.000 Jahren. In Anlehnung an die Tertiärgliederung spricht man vor allen Dingen im internationalen Gebrauch von Pleistozän und Holozän. Paläontologisch schließt es sich eng an das Tertiär an. Das einzige Neue ist die Entwicklung des Menschen.

15.1. Entwicklung des Menschen

Hier begegnen sich die Paläontologie, die Anthropologie und die Archäologie. In diesem Buch soll nur auf den paläontologischen Anteil eingegangen werden. Neben den von den Anthropologen bearbeiteten Menschenfunden spielt für die zeitliche Einordnung der Funde die begleitende Säugetierfauna eine entscheidende Rolle. Erst für die letzten 50.000 Jahre kann mit Hilfe der C^{14}-Methode (Abschn. 3.2) auch eine absolute Zeitrechnung herangezogen werden. In Fig. 158 sind die vermuteten Verwandtschaftsverhältnisse dargestellt. Ständige Neufunde, teils durch systematische Suche, teils durch verfeinerte Methoden verändern das Bild dauernd, wie überall in der Paläontologie. Hier allerdings werden, wegen des „persönlichen" Interesses, alle Veränderungen stärker registriert. So neigt man heute dazu, z. B. den Australopithecus Südafrikas als den in Randgebieten stärker spezialisierten Vertreter einer ganzen Schicht anzusehen, aus der der Pithecanthropus hervorgegangen ist. Letzterer wird heute schon zur Gattung Homo gestellt. Auch den europäischen Neandertaler sieht man als spezialisierten Vertreter einer weit verbreiteten Gruppe an. Schon die palästinensischen Neandertaler stehen der direkten Linie zum heutigen Menschen näher.

Die Menschwerdung dürfte sich wahrscheinlich an der Tertiär/Quartär Grenze ohne die Einflüsse der Eiszeit vollzogen haben. Die weitere Entwicklung der Menschheit, vor allem die letzte Differenzierung in die drei großen Rassenkreise, ist sicher unter der Einwirkung der großen Vereisung Eurasiens vor sich gegangen.

---

[1]) Näheres bei Krumbiegel 1959.

Solange Einzelfunde vorlagen, neigten die Forscher dazu, jeden Fund einer eigenen Art, wenn nicht sogar Gattung zuzuordnen. Weitere Funde und vielleicht auch ein mehr biologisch verstandener Artbegriff, der, wie auch beim heutigen Menschen, eine größere Variationsbreite einschloß, führte dazu, wenige Gattungen und Arten aufrechtzuer-

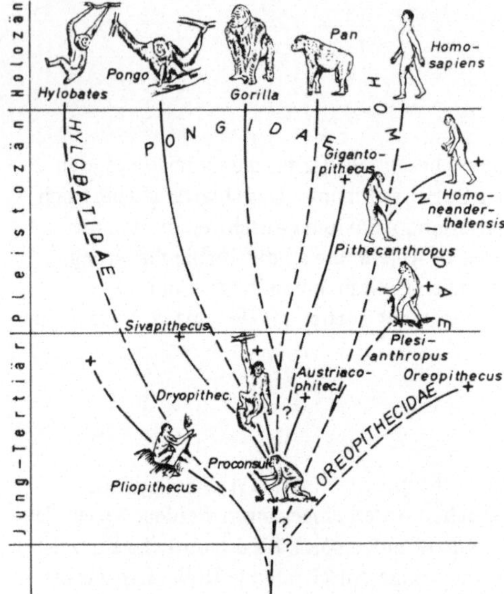

Fig. 158
Entwicklung der Hominiden
(Aus: [7]).

halten. So beginnt die Gattung Homo schon mit dem Pithecanthropus, jetzt Homo erectus, und man rechnet zu dieser Art den Unterkiefer von Heidelberg und den Steinheimer Schädel. Erst der Australopithecus und weiter zurückliegende Funde werden zu eigenen Gattungen gestellt. Das für die Charakterisierung des Menschen Entscheidende, die geistige Entwicklung, läßt sich natürlich auch nur auf Umwegen rekonstruieren, angefangen von der steigenden Gehirnkapazität über Werkzeug und Feuergebrauch bis zu Bestattungssitten und ersten Kunstäußerungen. Hierzu kann die Paläontologie keine Stellung nehmen.

15.2. Die Eiszeit

Die Eiszeit mit ihrer glazialen Abtragung und Ablagerung hat die Gestalt der Oberfläche Europas, mit Ausnahme der heutigen Mittelgebirge geprägt. Zu Beginn des Pleistozäns lagen die heutige Ostsee und Teile der Nordsee über dem Meeresspiegel. Eine fluviatil-brackisch-marine Sedimentation fand nur im Rhein-Maasdelta statt. Man erkennt in der Fauna schon zwei Kaltzeiten, die nicht zu Vereisungen führten, unterbrochen von

Warmzeiten. Erst am Ende des Altpleistozän setzt die Vereisung in den Alpen ein. Diese Günzeiszeit (die Kaltzeiten werden nach den Flüssen Günz, Mindel, Riss und Würm benannt) ist in Norddeutschland nicht nachzuweisen. Dort ist ein erster Eisvorstoß an der Elstermoräne (= Mindel der Alpen) zu erkennen. Die Gletscher stießen damals, wie auch in der nächsten, der Saale- oder Rißvereissung, aus Skandinavien bis an die deutschen Mittelgebirge und nach Südengland vor. Die letzte, die Weichsel- = Würmvereisung, kam nicht so weit. Dazwischen lagen Warmzeiten, deren Klima etwa dem heutigen entsprach, manchmal sogar etwas wärmer war (Fig. 159). Kenntlich sind die Vereisungen durch die Ablagerungen der Moränen. Während die Transportkraft

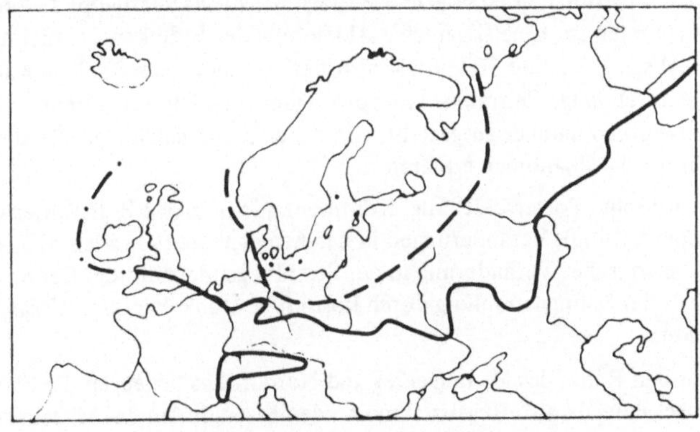

Fig. 159
Verbreitung der Vergletscherung in Europa.

des Wassers direkt von der Geschwindigkeit (also dem Gefälle) und der Wassermenge abhängig ist, so daß eine gute Sortierung nach der Korngröße entsteht, dazu bei längerem Transport noch nach der Härte und dem Chemismus, kann das Eis Blöcke jeder Größe bis zum feinsten Material mitnehmen und dort ablagern, wo das Eis abschmilzt. Die chemische Verwitterung ruht bei der Kälte, und die mechanische Aufbreitung des im Eis eingeschlossenen Gesteins ist auch gering. So zeichnet sich der G e s c h i e b e m e r g e l , das Gestein, das die Moräne aufbaut, durch stoffliche Vielfalt, die nur von den Ausgangsgesteinen des Ursprungsgebietes begrenzt ist, und gänzlich mangelnde Sortierung nach der Korngröße aus. Ein weiterer Hinweis für Inlandeis sind Schleifspuren (Gletscherschliffe) auf dem Felsuntergrund, erzeugt durch mitgeführtes Gesteinsmaterial und stark abgerundete Formen (Rundhöcker z. B. in der schwedischen Schärenlandschaft). Die ersten Gletscherschliffe fand man vor etwa 190 Jahren in einem Kalkbruch bei Rüdersdorf bei Berlin und damit den ersten Hinweis auf die Vereisung Nordeuropas.

Die Schmelzwasser waschen die Moränen aus, lassen eine Blockpackung zurück und setzen mit nachlassender Fließgeschwindigkeit immer feineres Material ab bis zu den

Bändertonen in den Seen. Da das Eis auch aufwärts fließen kann, ist es in der Lage, Wannen auszuhobeln, in denen sich nach Rückzug des Eises Seen ansammeln (Voralpengebiet, Norddeutschland, Finnland). Die vom Hochdruckgebiet über das Eis hinwegwehenden Winde blasen aus dem vegetationslosen Land vor dem Eis alles feine Material aus und lagern es mit nachlassender Kraft als Dünensand oder Staub (Löß) wieder ab. Da, wie gesagt, das Eis nicht chemisch aufbereitet ist, enthält der Staub alle wichtigen Pflanzennährstoffe, weshalb der Löß einen fruchtbaren Boden ergibt. Dieser Lößgürtel zieht sich von Mitteleuropa bis Asien. In China erreicht der Löß mit vielen Metern seine größte Mächtigkeit.

Eine im Grunde noch ungeklärte Frage ist, wie es überhaupt zu der oder den Eiszeiten gekommen ist. Eine allgemeine Abkühlung der Erde kann es nicht sein, da es, wie wir in Abschn. 5.2 und 10.2 erwähnt haben, schon zweimal solche Kaltzeiten gegeben hat, die durch lange Zeiträume eines ausgeglichenen Klimas getrennt waren. Viele Hypothesen wurden darüber aufgestellt, von denen keine befriedigt, die aber vielleicht zusammen einmal das Phänomen erklären:

1. irdische: Polverschiebung, Kontinentaldrift, große Reliefunterschiede (Tertiäre Alpenfaltung), Veränderungen in der Atmosphäre (vor allem CO_2-Gehalt);
2. kosmische: Veränderung in der Strahlungsintensität der Sonne, Absorption eines Teils der Sonnenstrahlung durch kosmische Dunkelwolken, Veränderungen in der Erdbahn.

Für den Raum des Mittelmeeres und Nordafrikas bedeuten die Eiszeiten der Nordhalbkugel Pluvial-, also Regenzeiten. An den Strandlinien des Mittelmeeres zeigen sich starke Meeresspielschwankungen (bis zu 200 m), entstanden dadurch, daß die Eiskappe in den Kaltzeiten große Wassermassen band und in den Warmzeiten die Gletscher eventuell noch weiter abschmolzen als heute. Ein weiteres Abschmelzen der nördlichen und südlichen Eismassen würden die heutigen Meeresspiegel etwa noch einmal um ca. 80 m ansteigen lassen.[1]

Paläontologisch interessant und für die Abstammungslehre bedeutsam ist, daß die Lebewelt der Erde ohne Einschnitt vom Tertiär bis heute durchgeht. Es setzt kein großes Aussterben zu Beginn der Eiszeit ein. Die Pflanzen und Tiere ziehen sich beim Vorrücken des Eises nach Süden zurück und folgen ihm dann wieder nach Norden. Nur örtlich können durch Gebirgsbarrieren einzelne Gruppen den Anschluß verpassen, was besonders für Europa mit seinen ost-westverlaufenden Gebirgsketten zutrifft, während in Asien und in Nordamerika ein ungehindertes Wandern möglich war. Als einzig neues Element tritt, wie schon beschrieben, der Mensch auf, dessen Entwicklung, besonders dessen nordöstlicher (Mongoliden) und nordwestlicher (Europiden) Teil durch die Vereisung sicher stark beeinflußt wurde. Die Menschwerdung aus den tierischen Vorfahren fand aber lange vor der ersten Kaltzeit an der Pliopleistozängrenze statt.

---

[1] Näheres über Klima im Laufe der Erdgeschichte bei Schwarzbach, M. 1961.

Ob das Holozän nur eine weitere Zwischeneiszeit ist oder wirklich das Ende der Kaltzeit und Beginn eines „normalen" Klimas auf der Erde bedeutet, ist völlig offen.

16. Probleme der Paläontologie

In diesem Kapitel sollen alle die Fragen, die im Laufe der erdgeschichtlichen Darstellung an bestimmten Beispielen angeschnitten wurden, noch einmal im Zusammenhang betrachtet und diskutiert werden.

16.1. Der Artbegriff

Die Art ist für den Biologen eine natürliche Einheit, dadurch bestimmt, daß alle Angehörigen miteinander fruchtbare Nachkommen hervorbringen können. Dagegen sind die Gattung und alle höheren Taxa Abstraktionen. Der Begriff der Art, ihr Umfang und Abgrenzung gegen andere Arten, läßt sich biologisch (wenigstens in den meisten Fällen) eindeutig bestimmen (vgl. Dzwillo[1]). Für den Paläontologen fällt das Hauptkriterium, die Fortpflanzungsgemeinschaft weg, wir können unsere Arten nur morphologisch definieren. Das führt gelegentlich zu Differenzen mit der Biologie. Jedoch zeigt sich, daß jede biologisch eindeutig bestimmte Art sich morphologisch von Nachbararten unterscheidet, und kein Biologe wird verlangen, daß bei einem zur Bestimmung vorgelegten Stück der Kreuzungsversuch durchgeführt wird. Das bedeutet für den Paläontologen aber, daß er besonders sorgfältig die Merkmale und ihre möglichen Variationen prüfen und abwägen muß, wenn er eine neue Art abgrenzt. Rein technisch gelten dabei die internationalen Regeln für die zoologische und botanische Nomenklatur.

Besondere Schwierigkeiten ergeben sich dort, wo nur Teile eines Organismus vorliegen. Ein besonders krasser Fall sind die Conodonten (s. Abschn. 8.4), wo man schon mit Sicherheit annehmen muß, daß verschiedene „Formengenera" und „-spezies" zu einem Individuum, also einer biologischen Art gehörten, ohne daß man es im einzelnen mit Sicherheit feststellen kann. Ähnlich ist es mit Pflanzenresten, besonders aus dem Karbon, (s. Abschn. 9.1). Die Zusammengehörigkeit von isolierten Blättern, Stammstücken, Sporen- und Samenständen oder isolierten Sporen und Samen ist erst feststellbar, wenn sie im sicheren Zusammenhang gefunden werden. Dann bekommt die b i o l o g i s c h e A r t den Namen des zuerst gefundenen und benannten Teils.

So wie für tier- und pflanzengeographische oder ökologische Arbeiten eine gute Artfassung und -beschreibung Vorbedingung ist, kann auch der Paläontologe nicht den Wünschen des Stratigraphen oder der Praxis nach einer Feingliederung in einer Schichtfolge nachkommen, wenn er seine Arten nicht gut definiert hat, auch wenn es nur

---

[1]) Dzwillo, M.: Prinzipien der Evolution. Stuttgart i. Vorb.

F o r m s p e z i e s sind. Das gleiche gilt natürlich auch für palökologische und paläogeographische Fragen. So ist es vertretbar, daß auch Funde einzelner Teile mit einem Namen versehen und beschrieben werden. Erst was der Mensch benannt hat, kann er auch beherrschen.

16.2. Überlieferungslücken

Das gleiche gilt auch, wenn wir uns stammesgeschichtlichen Fragen zuwenden. Da tritt nun neben der Schwierigkeit der Artfassung (wir schnitten das letztere beim Menschen in Abschn. 15.1 an) noch die Lückenhaftigkeit der Überlieferung hinzu. Wie wir in Kap. 2.5 gesehen haben, bleiben nur Bruchteile der Lebewelt fossil erhalten und meist nur solche mit irgendwelchen Hartteilen. Je größer die Lebewesen sind, um so kleiner sind die Populationen. Lebende Foraminiferen finden sich heute evtl. über 100 Stück einer Art in einem Gramm Schlick vom Meeresboden — Elefanten leben nur wenige auf einem Quadratkilometer. Wenn wir in einer Schicht von 10 cm Dicke ein paar Knochen oder Schalen finden, vertreten diese eine Lebewelt von 100 bis 1000 und mehr Jahren, je nach Sedimentationsraum. Bei Kleinlebewesen, z. B. Foraminiferen (s. Abschn. 13.1), haben wir dabei die Möglichkeit, Schicht für Schicht die Veränderungen zu beobachten, und können dann auch mit großer Wahrscheinlichkeit sagen, daß wir eine Abfolge von Populationen haben. Bei größeren Tieren ist hingegen die Chance, überhaupt in dem zur Verfügung stehenden Ausschnitt Reste zu finden, sehr gering. Wenn dann ein oder mehrere Meter höher wieder ein Rest gefunden wird, kann man kaum annehmen, daß dieser ein Nachkomme der Population ist, zu der der erste Fund gehörte. Wir sehen immer Sprünge, wo doch ein Kontinuum vorliegt, und die Verknüpfung der Sprünge hängt von der jeweiligen Theorie und der Fähigkeit des Bearbeiters ab. Durch glücklichen Zufall und systematische Suche erhöht sich die Zahl der Funde ständig. Immer verfeinerte Untersuchungsmethoden und Vergleichsmöglichkeiten geben den Deutungen einen immer höheren Wahrscheinlichkeitsgrad. Der Paläontologe gleicht einem Kriminalisten, der aus vielen kleinen Einzeltatsachen, den Indizien, einen Vorgang rekonstruiert, wobei auf Grund dieser Indizien sogar ein Mensch zu schweren Strafen verurteilt werden kann. Ein Irrtum bleibt möglich. Leider kann dem Paläontologen niemals ein „Geständnis des Angeklagten" recht geben. Aber jeder Wissenschaftler muß, unter Berücksichtigung der Fehlerquellen, die Ergebnisse anerkennen.

Der Evolutionsforscher Simpson sagte einmal: „Die Paläontologen gleichen Leuten, die an einer Straßenecke stehen und die Autos vorüberfahren sehen und die danach sagen wollen, wie der Motor funktioniert, was sie besser von den Genetikern lernen sollten." Der Paläontologe Sdzuy sagte darauf (1970 in einem Vortrag): „Die Paläontologen sind die einzigen, die die Autos wirklich fahren sehen; die Genetiker sollen danach überlegen, ob sie tatsächlich den Antriebsmotor und nicht den des Scheibenwischers untersuchen".

Diese Polemik gibt in überspitzter Form die Spannung zwischen Biologie und Paläontologie wieder, eine Spannung, die sicher sehr fruchtbar ist, zwingt sie doch beide Seiten,

Forschungsergebnisse und Theorien immer neu zu überdenken. Das möge sozusagen die
Leitlinie für die übrigen Betrachtungen in diesem Abschnitt sein.

Von diesen Beobachtungen der Paläontologie ist in den vorangegangenen Kapiteln
einiges gebracht worden. Dafür sind Begriffe geprägt worden, die teils ganz neutral die
Tatsachen beschreiben, teils schon eine gewisse Deutung einschließen. Die Tatsachen
lassen sich am Material nachprüfen, über die Deutung sollten Paläontologen und
Biologen ständig im Gespräch bleiben.

16.3. Palingenese

Die Palingenese, die Tatsache, daß neue Merkmale ontogenetisch sehr spät auftreten und
im Laufe der Generationen auf immer früheren Stadien, ist fossil nur bei Tieren zu
beobachten, die durch einfache Anlagerung ihrer Hartteile wachsen, wie Foraminiferen,
Korallen, Mollusken usw. Wir zeigten es am Beispiel der Foraminiferen (s. Abschn. 13.1)
und der Lobenlinie der Ammoniten (s. Abschn. 12.1.1). Das Auftreten des Merkmals
sagt natürlich nichts über das Auftreten der Mutation. Wichtig ist nur, daß die Mutation,
im erst genannten Beispiel die zweireihige Anlage der Kammern, im Laufe der Generationen immer früher wirksam wird, bis sie die ursprüngliche Gestaltung (dreireihige An-
lagen der Kammern) ganz verdängt hat. Ob dazu neue Mutationen nötig sind oder nur
Genverdoppelungen, die die neue Anlage stärker werden lassen als die alte, kann der
Paläontologe nicht sagen. Palingenese bleibt erst einmal ein Beschreibungskriterium
ohne Anspruch auf kausalen Zusammenhang.

16.4. Proterogenese

Das gleiche gilt für die Proterogenese, die frühontogenetische Merkmalsentstehung, bei
der häufig im weiteren Verlauf des Lebens das alte Merkmal wieder das Übergewicht
gewinnt (z. B. die Einrollung der Nautiloidea s. Abschn. 8.2.1). Auch hier ist wahrscheinlich ein neues Gen aufgetreten, das aber nur in der Jugend wirksam ist, während später
die alten Gestaltungskräfte die Oberhand gewinnen. Bedeutsam ist auch hier, daß die
neue Anlage im Laufe der Generationen stärker wird und die alte langsam zurück-
drängt. Doch sind unsere Kenntnisse über die Steuerung der Wirksamkeit der Gene
noch zu gering, um die beobachteten Tatsachen zu erklären.

16.5. Orthogenese

Der Begriff der Orthogenese ist schon durch Deutungsversuche belastet, in dem Sinne,
daß die Gradlinigkeit der Entwicklung neben Vererbung und Auslese durch uns noch
unbekannte innere Kräfte bedingt sei. Bei dem angeführten Beispiel der Pferdeentwick-
lung (s. Abschn. 14.3.2) ist die Lösung des Problems noch einfach. Die Entwicklung der
Zähne, der Gliedmaßen usw. unterliegt ja einer strengen Auslese und der Stammbaum
der Pferde zeigt, daß die „Orthogenese" nur von heute rückwärts als solche erscheint.

Vom Ursprung ausgehend sehen wir Verzweigungen, von denen die den jeweiligen Umweltveränderungen am besten angepaßten Äste eben überlebten. Schwieriger wird das Problem bei der Betrachtung der Entwicklung der Lobenlinie bei den Ammoniten (s. Abschn. 8.2.2 und 12.1.1): Von der einfachen geraden über die verschiedenen Formen der goniatitischen mit mehr oder weniger starker Wellung zur ceratitischen mit Faltungen zweiten Grades, zur ammonitischen mit Faltung 3. und 4. Grades. Der Auslesevorteil mag zu Anfang bei der besseren Versteifung des Gehäuses nach dem Wellblech-Prinzip gelegen haben, — obwohl Nautilus ohne diese Versteifung bis heute durchgehalten hat. Vielleicht lieferten die Vor- und Rücksprünge auch bessere Ansätze für die Muskulatur. Ob dies alles später noch gilt, ist fraglich, da ja auch der Materialverbrauch eine Rolle spielt; dieser war sicher bei den Jura- und Kreideammoniten größer, so daß der Nutzen der Versteifung oder der Muskelansätze wieder kompensiert wurde. Es bleibt etwas unbefriedigend, die Hilfsvorstellung heranzuziehen, daß das Gen für die Fältelung der Kammerscheidewände gleichzeitig ein paläontologisch nicht faßbares, sehr günstiges physiologisches Merkmal bestimmt hat (Pleiotropie). Interessant ist dabei, daß in der Kreide bei einigen Linien Rückentwicklung der starken Fältelung bis zum ceratitischen Stadium (Kreideceratiten) eintritt. Das führt uns in das nächste Problem, die Typostrophen-Theorie.

16.6. Typostrophen-Theorie

Beobachten wir die Verbreitung-, bzw. Differenzierungsdiagramme verschiedener Tiergruppen (Fig. 160 und 161), so haben wir in gewissen Variationen das gleiche Bild, wie es in Abschn. 12.1.1 am Beispiel der Ammoniten aufgezeigt wurde. Wir konnten das Entwicklungsschema Typogenese = Entstehung und Entfaltung eines neuen Bauplanes — Typostase = ruhige Weiterentwicklung innerhalb des Bauplanes — Typolyse = Auflösung des Bauplanes bzw. Überspezialisierung, die mit dem Aussterben endet, auch an weiteren Gruppen exemplifizieren, so bei den Dinosauriern (s. Abschn. 13.3.1), den Graptoliten (s. Abschn. 6.1) u. a.

Die erste Frage, ob für die geologisch sehr kurze Phase der Typogenese die bekannten Mutationen genügen oder ob dazu „Großmutationen" oder „Systemmutationen" notwendig sind, ist wohl durch die in Abschn. 14.2 erwähnte und in Abschn. 16.7 näher bestimmte Mosaikentwicklung beantwortet. Der plötzlichen Entfaltung eines neuen Bauplanes geht nämlich meist eine längere Zeit voran in der der neue Bauplan entsteht und sich festigt. Dies geschieht wahrscheinlich in kleinen abgeschlossenen Populationen, von denen Reste zu finden sehr unwahrscheinlich ist, später erfolgt ausgelöst durch Umweltveränderungen, die „plötzliche" Entfaltung. So hätten wir im Archaeopteryx den seltenen Glücksfall, eine solche Population anzutreffen, während die sprunghafte Entfaltung erst an der Kreide-Tertiär-Grenze erfolgt. Auch die Säugetiere (s. Abschn. 14.3.1) haben offenbar vor ihrer plötzlichen Ausbreitung zur gleichen Zeit eine lange Geschichte hinter sich, in der sich der Bauplan herausbilden konnte.

Schwerer ist die Frage nach der Typolyse und dem Aussterben zu beantworten. Im Falle der Ammoniten versuchten wir, dies durch ein „Luxurieren" zu erklären, das bei

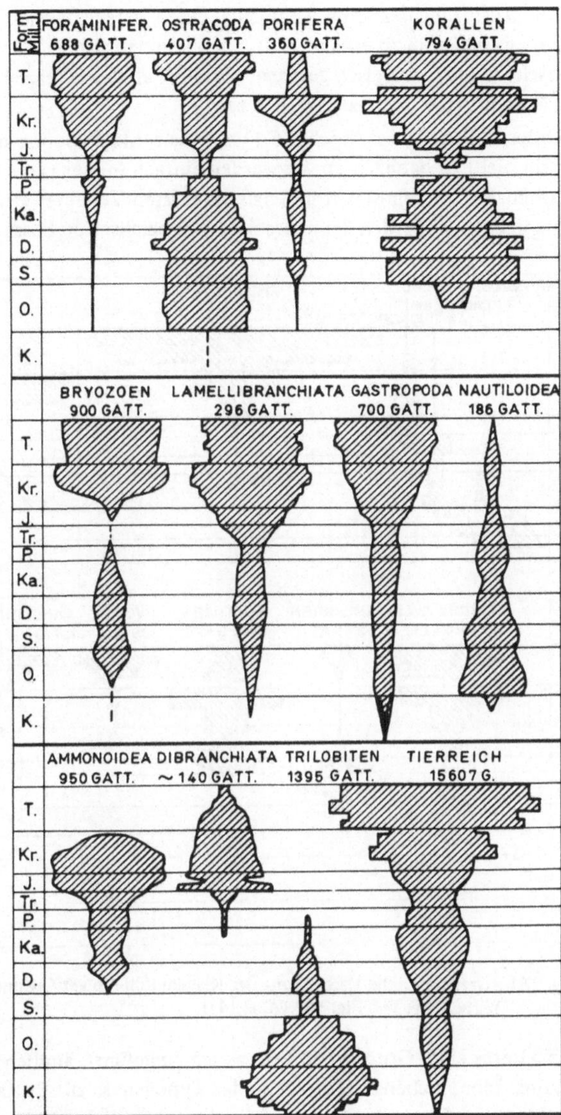

Fig. 160
Stratigraphische Verbreitung einiger Stämme und Klassen des Tierreichs. Die Breite zeigt die Zahl der Gattungen in dem betreffenden Abschnitt der Erdgeschichte. (Aus: [4]).

Veränderungen der Umweltbedingungen keine neuen Anpassungen mehr erlaubte und deshalb zum Aussterben führte.

Andere Gruppen, wie die Fusulinen unter den Foraminiferen (s. Abschn. 13.1), zeigen keine Auflösung des Typs, wenn auch eine Überspezialisierung in Gehäusebau und Größenwachstum zu erkennen ist, auch kein langsames Wenigerwerden, sondern sie verschwinden, geologisch gesehen, plötzlich an der Obergrenze des Perms. Davon wird in Abschn. 16.8 noch zu sprechen sein.

Bei den Trilobiten (s. Abschn. 5.1) ist eine echte Typolyse mit „Verwilderung" der Form nicht zu beobachten; sie werden einfach immer weniger, bis sie schließlich aussterben. Wir wiesen darauf hin, daß die letzten Vertreter etwa der „Normalform" entsprachen, äußerlich keine besondere Spezialisation besaßen. Hier wurde der Begriff

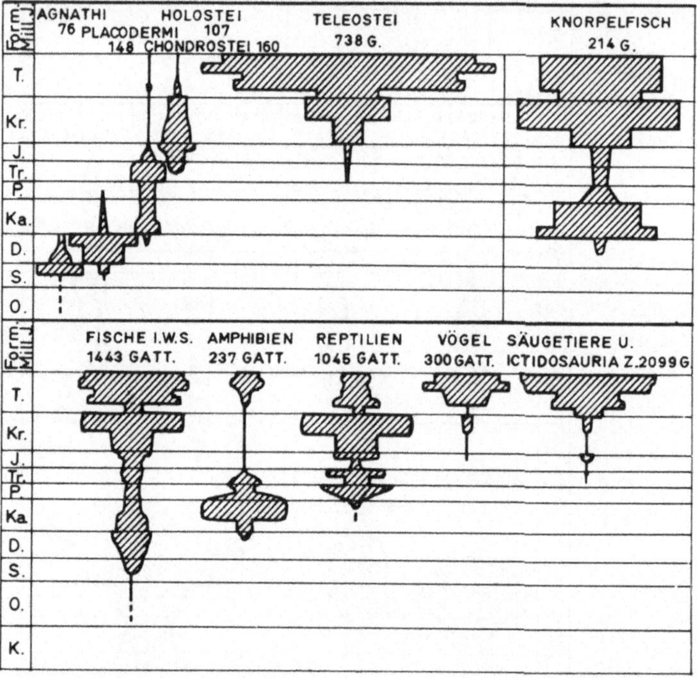

Fig. 161 Stratigraphische Verbreitung der Klassen und einiger Ordnungen der Wirbeltiere. Wie Fig. 160 (Aus: [4]).

des Alterns einer Gruppe von Lebewesen eingeführt, ähnlich dem Altern eines Individuums. Eine „Lebenskraft", die in der Typogenese zur Entfaltung geführt hatte, ließ nun nach, es folgte ein Degenerieren, das schließlich zum Aussterben führte. Dieser Begriff erklärt natürlich nichts, da er ins Metaphysische hinübergreift.

Das Aussterben einer ehemals blühenden Tiergruppe geht also auf ganz verschiedene Weisen vor sich, wie bei den Ammoniten (echte Auflösung des ursprünglichen Typus) den Sauriern oder Fusulinen (nach höchster Differenzierung sehr plötzlich) oder den

Trilobiten (mit langsamer Abnahme bis zum völligen Erlöschen). Weitere Beispiele sind aus Fig. 160 und 161 zu entnehmen.

16.7. Watsonsche Regel der Mosaikentwicklung

Bei der Entstehung neuer Baupläne beobachten wir, daß der neue Typus nicht plötzlich da ist, sondern sich allmählich aus dem vorhergehenden entwickelt. Diese Zwischenformen zeigen ein Mosaik von Merkmalen, wie wir es besonders deutlich am Archaeopteryx, dem Urvogel, sehen, bei dem viele Merkmale noch reptilartig waren. Auch an den Therapsiden, den säugetierähnlichen Reptilien ließ sich dies zeigen. Die Entwicklung zum neuen Bauplan geht nicht bei allen Merkmalen gleich schnell, sondern einige, wohl mit großem Auslesevorteil, eilen voran, andere brauchen lange Zeit, bis sie die gleiche Entwicklungshöhe erreicht haben. Die sprunghafte Entfaltung erfolgt erst, wenn der neue Bauplan durchgebildet ist.

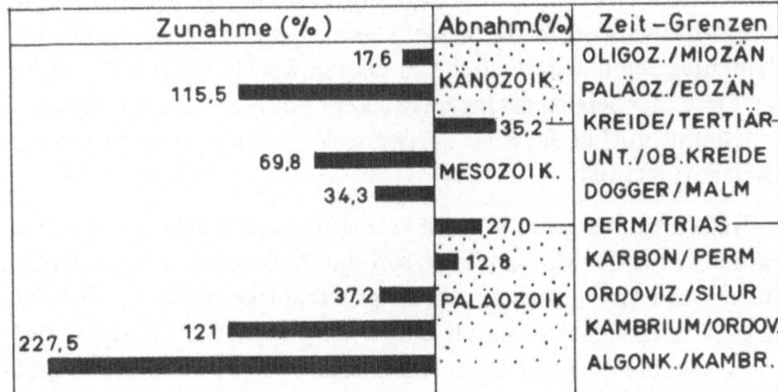

Fig. 162
Zu- bzw. Abnahme der Zahl der Gattungen des gesamten Tierreichs an den Formationsgrenzen (Aus: [4]).

16.8. Faunenschnitte

Kehren wir noch einmal zurück zum „plötzlichen" Aussterben ganzer Tiergruppen. Hier hilft uns vielleicht die Frage nach den „Faunenschnitten" weiter, die wir bei Beobachtung von Fig. 160 und 161 ebenfalls ablesen können. Die Perm/Trias- und die Kreide/Tertiärgrenze sind besonders ausgezeichnet durch das weltweite Aussterben vieler Tierordnungen (die Geologen hatten dies schon früh erkannt und deshalb die Grenzen zwischen den Epochen dorthin gelegt). Natürlich sind alle Formationsgrenzen nach dem Aussterben oder dem neuen Auftreten bestimmter Tiergruppen definiert worden. Jedoch fällt auf, daß sich an den genannten Grenzen diese Vorgänge entgegen der statistischen Verteilung häufen. In Fig. 162 ist dies quantitativ für alle bekannten Tiergruppen dargestellt.

Damit verlagert sich das Problem von eventuell inneren Faktoren (Degeneration, Nachlassen der Lebenskraft, s. Abschn. 16.6) auf allgemein wirksame zumindest, wenn das

Aussterben mit einer der genannten Grenzen zusammen fällt. Bei Erklärungsversuchen durch irdische oder kosmische Ereignisse müssen folgende Tatsachen berücksichtigt werden: Es trifft Land- und Wassertiere, oft auf der Höhe oder (?) am Ende ihrer Entfaltung, so an der Perm/Triasgrenze die Fusuliniden unter den Foraminiferen, die zwei Ordnungen der paläozoischen Ostracoden, Schwämme, alle paläozoischen Korallen, Familien der Bryozoen, Brachiopoden, Ammonoideen, Amphibien, Reptilien; an der Kreide/Tertiärgrenze Foraminiferen in einigen Gruppen, Schwämme, Korallen, alle Ammonoideen und Belemniten, Fische, alle Dinosaurier, Pterosaurier und Ichthyosaurier. Andere Gruppen, wie Radiolarien, Ostracoden, Schnecken, Muscheln (mit Ausnahme der Rudisten) gehen fast ungestört über diese Grenze in die nächste Formation und entfalten sich direkt über dieser Grenze oder etwas später, wie die Teleostier unter den Fischen, die Vögel und die Säugetiere. Selbst bei der Betrachtung des ganzen Tierreichs fallen Trias und Alttertiär als Zeiten der Restriktion deutlich heraus (Fig. 160 rechts unten). Irdische Fraktoren, wie Gebirgsbildung, große Klimaveränderungen kommen nicht in Frage, da solche nicht mit den beobachteten Einschnitten zusammenfallen. Vergiftung von Luft und Wasser mit toxischen Stoffen wäre denkbar, aber nicht nachzuweisen; zwar wollen Forscher Anreicherungen des Elementes Selen in Schichten der oberen Kreide festgestellt haben und meinen, daß nur Tiere, die Selenresistenz entwickeln konnten, überlebten und dann die freigewordenen Räume ausfüllten. Eine weltweite Vergiftung, einschließlich der Ozeane, ist sehr schwer vorstellbar.

In Frage kommen auch kosmische Faktoren. Das über die ganze Erde recht gleichmäßig warme Klima des Mesozoikums soll durch eine permanente Wolkendecke mit Treibhauseffekt entstanden sein. Diese Wolkendecke müßte am Ende der Kreidezeit aufgerissen sein, vielleicht durch Einwirkung verstärkter Sonnen- oder kosmischer Strahlung, die nun ungehindert zur Erde dringen konnte. Bei großen Tieren mit langer individueller Lebensdauer könnte die verstärkte Strahlung zur Auslösung von Letalmutationen geführt haben, sicher in stärkerem Maße als bei kleinen mit kurzem Lebenszyklus. Wie weit Wassertiere davon betroffen wurden, ist bei der abschirmenden Fähigkeit des Wassers wieder eine Frage. Andererseits müßten mit dem Aufreißen der Wolkendecke nicht nur die Klimagegensätze auf der Erde, der jahreszeitliche Wechsel, sondern auch die Temperaturunterschiede zwischen Tag und Nacht größer geworden sein. Auch hier konnten sich kleinere Tiere, die in Erdlöchern oder Felsspalten Unterschlupf fanden, besser schützen als große. Das gilt ebenfalls nur für Landtiere. Gegen die hypothetische Wolkendecke sprechen paläoklimatische Befunde: dem großen Aussterben an der Perm/Triasgrenze gehen die großen Klimagegensätze voraus (permokarbonische Vereisung der Südkontinente, gleichzeitig Kohlebildung und anschließend Salzbildung auf den Nordkontinenten), beim großen Aussterben an der Kreide/Tertiärgrenze folgt die Eiszeit der Nordkontinente erst nach ca. 50 Mio. Jahren, in denen in Europa und Nordamerika noch subtropisches Klima herrschte, das erst im Laufe des Tertiärs langsam kühler wurde.

Auch die von Zeit zu Zeit erfolgende Umpolung des Mangnetfeldes der Erde, die man an den Eisenerz- (Magnetit, Fe_3O_4) Einschlüssen von Basalten feststellen kann, würde mit einem vorübergehenden Zusammenbruch des „Strahlenschutzgürtels" der Erde eine ähnliche Wirkung wie das Aufreißen einer Wolkendecke haben. Nun hat die Umpolung sehr viel häufiger stattgefunden und nicht nur gerade an der Kreide-Tertiär-Grenze. Außerdem erhebt sich die Frage auch hier, warum die planktonisch lebenden Globtruncanen unter den Foraminiferen am Ende der Kreide aussterben. während die im gleichen Biotop vorkommenden Globigerinen unverändert bis heute aushalten.

Schließlich wird eine außerordentlich intensivierte Höhenstrahlung durch den Ausbruch einer Supernova in Nähe des Sonnensystems postuliert. Hier könnten die Astronomen erklären, ob in den in Frage kommenden Zeiten solch ein Ereignis stattgefunden haben kann.

Möglicherweise löst aber gar nicht die erwähnte Höhenstrahlung selbst die Mutationen aus, sondern die von ihr erzeugten strahlenden Isotope (vor allem ^{14}C). Da diese ja auch von wasserbewohnenden Tieren über die Pflanzen in gleicher Weise aufgenommen werden, ließe sich damit die gleichmäßig Tiergruppen aller Biotope betreffende Wirkung erklären.

Auch das in Abschn. 4.3 und 5.1 angeschnittene, geologisch gesehen plötzliche Auftreten aller schalentragenden Tierstämme zu Anfang oder im Laufe des Kambrium ist solch ein Faunenschnitt, an dem die weichhäutige und deshalb nur spärlich bekannte Fauna des Präkambriums zur schalentragenden, reichhaltigen des Kambriums wechselt. Auch hier versucht man die Strahlung zur Erklärung heranzuziehen, indem es die damals noch starke Höhen- und UV-Strahlung nur Tieren mit einem Schutzpanzer ermöglichte, in flaches Wasser, und damit in die bevorzugten Sedimentationsräume vorzudringen, während sich vorher das Leben im wesentlichen im Schutze des tieferen Wassers, also im offenen Ozean abspielte, von dem kein Sediment erhalten bleibt. Dagegen spricht, daß zu Beginn des Kambrium auch eine reiche Spurenfauna von sonst nicht erhaltungsfähigen, also weichhäutigen Tieren in den Sedimenten zu finden ist. So ist es wahrscheinlicher, daß der Sauerstoffgehalt der Atmosphäre und des Wassers die Tiere von der unmittelbaren Nähe der Pflanzen befreite, die den Sauerstoff erzeugten. Damit ergab sich einmal eine starke Ausbreitung, zum anderen wurde durch das höhere Sauerstoffangebot die Ausbildung von Schalen möglich. Außerdem scheinen sich die Metazoen wirklich erst in den letzten 200 Mio. Jahren vor Beginn des Kambriums entwickelt zu haben. Wir müssen gestehen, daß wir diese Fragen noch nicht beantworten können. Neue Funde und verfeinerte Untersuchungsmethoden bringen immer wieder neue Aspekte, aus denen wir uns vielleicht einmal ein Bild aus den Vorgängen machen können, die für das Leben auf der Erde wichtig sind.

16.9. Durchläufer

Ein interessantes Phänomen sind die Durchläufer, oder l e b e n d e F o s s i l i e n soweit sie heute auftreten.

Das sind die letzten Vertreter einst blühender Tier- oder Pflanzengruppen, die die

übrigen Arten der betreffenden Familien oder Ordnungen lange überlebten. Meist sind
sie einfacher gebaut, weniger differenziert als die ausgestorbenen Gruppen. Beispiele
sind die sandschaligen Foraminiferen, wie Ammodiscus (seit Devon) unter den
Protozoen (s. Abschn. 13.1), Lingula (seit Ordovizium) unter den Brachiopoden
(s. Abschn. 8.1), Nautilus (seit Trias) unter den Cephalopoden (s. Abschn. 8.2.1), der
Pfeilschwanzkrebs Limulus (seit Trias) unter den Cheliceraten (Stamm Arthropoda),
die Brückenechse, Rhynchocephalia unter den Reptilien und viele andere, dazu unter
den Pflanzen die lebenden Baumfarne, der Ginkgobaum u. a. Diese Lebewesen haben
alle F a u n e n s c h n i t t e überstanden und sich durch 100 Mio. und mehr Jahre
äußerlich kaum verändert. Sie leben heute oft in sog. Rückzugsgebieten, wohin die
jüngere fortgeschrittene Konkurrenz, noch nicht vorgedrungen ist (das gilt vor allem
für „alte" Säugetiere). Meeresbewohner hingegen existieren meist zusammen mit
modernen Formen.

Der genetische Code ist konservativ und jede Entwicklung in diesem Sinne eine Serie
von „Betriebsunfällen" (J. Monod). Danach wären also die „Durchläufer" „normal"
und die mutierten Formen zwar interessanter, doch immer wieder durch Aussterben
beseitigt worden.

Wir können keine Gründe aufzeigen, warum Lingula vom Ordovizium bis heute
äußerlich unverändert durchgehalten hat, während die übrigen inarticulaten Brachiopoden eine größere Mannigfaltigkeit der Formen erlangt haben aber in den gleichen
Biotopen ausgestorben sind. Auch das Foraminifer Ammodiscus kommt heute noch mit
dem hochentwickelten Kalkschalern zusammen im gleichen Biotop vor. In Sedimenten
der Kreidezeit finden wir es auch, aber mit anderen Kalkschalern zusammen, die zum
großen Teil heute nicht mehr existieren; andererseits macht es nur einen winzigen
Bruchteil der jeweiligen Foraminiferenfauna aus. Welche Veränderungen hat dieser
Biotop zum Beispiel im europäischen Raum durchgemacht? Das Meer transgrediert,
die Bodenfauna wandert mit, das Meer zieht sich zurück, die Bodenfauna wandert mit;
das tropische Meer der Karbonzeit wird zum gemäßigten der heutigen Zeit oder dem fast
subtropischen des Mittelmeeres. Sowohl in der Nordsee wie im Mittelmeer finden wir
Ammodiscus (und andere Sandschaler), auch die Kalkschalerarten der Nordsee sind
im Mittelmeer anzutreffen, nur daß dort die Gesamtfauna viel reicher ist.

Andere l e b e n d e F o s s i l i e n , die früher weltweit verbreitet waren, sind heute
auf enge geographische Räume beschränkt, Nautilus auf den indisch- indonesischen
Raum, Lingula östlich Japans. Ist entwicklungsmäßiger Fortschritt, Spezialisierung, mit
mangelnder Anpassungsfähigkeit an Veränderung verbunden und bietet „Primitivität"
die Möglichkeit, ohne große Veränderungen verschiedenartige Bedingungen zu überleben? Die Paläontologie kann vorläufig nur die Tatsachen herausstellen.

16.10. Formen des Ablaufs der Stammesgeschichte

Betrachten wir die Fig. 160 und 161 noch unter einem anderen Gesichtspunkt. Manche
Gruppen z. B. die Ammonoideen, die Placodermen oder die Amphibien, entfalten sich

langsam bis sie einen Höhepunkt erreicht haben und sterben dann ziemlich schnell aus oder aus einer Art geht wiederum eine neue Entwicklung hervor. Man nennt dieses Bild eine „progressive Entwicklung". Andere, z. B. die Trilobiten, die Nautiloideen, die dibranchiaten Cephalopoden und die Amphibien zeigen ein plötzliches Auftreten mit vielen Gattungen und Familien, die im Laufe der Zeit immer weniger werden bis sie ganz aussterben. Manchmal setzt kurz vorher noch ein neues Aufblühen ein, das nicht mehr die Verbreitung der ersten Blüte erreicht. Dies wird als „regressive Entwicklung" bezeichnet. Außerdem gibt es Mischtypen wie ein Blick auf Fig. 160 und 161 zeigt. Auch hier kann nur der Ablauf aufgezeigt werden, eine Deutung oder Erklärung dieser Erscheinungen ist nicht möglich. Die „progressive Entwicklung" entspricht den Vorstellungen, die wir von der Entstehung neuer Arten haben, die immer weiter divergieren. Die „regressive Entwicklung" setzt wahrscheinlich eine längere uns nicht überlieferte Entwicklung voraus, die bei entsprechender Änderung der Umwelt zur „explosiven" Entfaltung führt.

16.11. Variationsstatistische Merkmalsverschiebung

Neben diesen Beobachtungen, die mehr Fragen aufwerfen, als zur Zeit beantwortet werden können, kann die Paläontologie dem Phylogenetiker ein Tatsachenmaterial in die Hand geben, das nicht nur die Entwicklungszusammenhänge aufzeigt, sondern auch die Entwicklungsabläufe im einzelnen nachweist. Ich denke dabei an die statistischen Merkmalsverschiebungen, wie sie Bettenstaedt anhand der Foraminiferen entwickelt hat (s. Abschn. 13.1); natürlich sind die M i k r o f o s s i l i e n , wie Foraminiferen und Ostracoden (Muschelkrebse), dafür besonders geeignet, da schon in kleinen Gesteinsproben genügend Material für statistische Untersuchungen zu finden ist. Aber auch größere Tiere, wie Muscheln oder Ammoniten, können aus einzelnen Schichten in größerer Anzahl gesammelt werden und dann Material zur statistischen Entwicklungsforschung liefern. Auf diese Weise hat man in jüngster Zeit die Entwicklung der Lobenlinie und damit die Stammesgeschichte der Ammoniten aufgehellt (s. Abschn. 12.1.1). So läßt sich die Umbildung von einer Art in die andere bis zum Rang einer neuen Gattung direkt nachweisen. Die Herausbildung höherer taxonomischer Kategorien und neuer Baupläne ist auch paläontologisch nur durch Einzelfunde über größere Zeiträume zu erkennen.

Eine weitere Beobachtung muß noch hervorgehoben werden: Wenn wir die höheren taxonomischen Kategorien, also Klassen und zum Teil Ordnungen, betrachten, finden wir niemals ein Verdrängen des Vorgängers. Entweder wird ein neuer Lebensraum erschlossen; so beobachten wir es bei den schnell schwimmenden Knochenfischen, die aus mehr am Boden lebenden Panzerfischen hervorgegangen sind, oder bei den Tetrapoden, die von Fischen abstammen oder den Flugsauriern, die sich von Thecodontiern herleiten. Oder die Entfaltung erfolgt erst nach dem Aussterben der Vorgänger im gleichen Lebensraum, wie bei den Scleractiniern nach dem Verschwinden der rugosen und tabulaten Korallen (s. Abschn. 7.1.2), der Vögel nach dem Aussterben der Flugsaurier, der Säugetiere nach dem Aussterben der großen Reptilien. Innerhalb der Actinopterygii allerdings dürften die Chondrostei von den Holostei und diese von den Teleostii verdrängt worden sein (vgl. Fig. 59). Wir wiesen im letzten Abschnitt schon darauf hin, daß das Aussterben ganzer Gruppen offensichtlich weltweit nach noch unbekannten Ursachen erfolgte. Erst bei den unteren Kategorien, vor allem in der Entwicklung einer Art aus der anderen, spielt das Überleben der am besten angepaßten die entscheidende Rolle, und wir erleben immer wieder, wie die Arten entweder auseinander hervorgehen oder sich nacheinander verdrängen. Ein typisches Beispiel dafür ist, wie heute an der Nordseeküste die besser an die neuartige Kulturlandschaft angepaßten Möven alle andern Seevögelarten verdrängen und in Vogelschutzgebieten vom Menschen künstlich zurückgedrängt werden müssen.

17. Schlußbemerkung

Wir haben gesehen, daß die heutige Lebewelt in ihrer Ausbildung und Verbreitung das Produkt einer langen Geschichte ist, in der eine Fülle verschiedenartiger Faktoren zusammengespielt haben, die wir heute noch nicht alle aufhellen können.

Vor 250 Jahren galten die Fossilien noch als Naturspiele, das 19. Jahrhundert war die Zeit des Sammelns und Ordnens, doch waren die fossilen Zeugen der Entwicklung noch gering, die Darwin zur Stütze seiner Theorie zur Verfügung standen. In diesem Jahrhundert rücken neben der Phylogenie Fragen nach der Umwelt und der Lebensweise immer mehr in den Vordergrund und in den letzten 50 Jahren hat sich die Paläontologie immer stärker zu einer biologischen Wissenschaft entwickelt. Heute muß ein Paläontologe auch Geologe u n d Biologe sein. Das zeigt sich besonders in dem neuen Zweig A c t u o p a l ä o n t o l o g i e . Der etwas unglückliche Name wurde parallel zu A c t u o g e o l o g i e gebildet; diese beobachtet heutige geologische Vorgänge, wie Verwitterung, Abtragung, Sedimentation, um die Vorgänge der Vergangenheit erklären zu können. Ebenso studiert die erstgenannte das Leben heutiger Tiere, ihre Verbreitung in Beziehung zu verschiedenen Umweltbedingungen, die Spuren, die ihre Lebensäußerung im Sediment hinterlassen und was aus ihren Resten nach dem Tode wird. So wird es besser möglich, die Lebensumstände fossiler Lebewesen zu erklären und damit auch dem Geologen genaueres Material in die Hand zu geben für die Rekonstruktion der Verhältnisse auf der Erde in früheren Zeiten. Die ersten grundlegenden Arbeiten auf diesem Gebiet wurden vom Institut für Meeresgeologie und Meeresbiologie „Senckenberg am Meer" in Wilhelmshaven geleistet.

So bemüht sich die Paläontologie, alle Erkenntnisse der Biologie bis hin zur Molekularbiologie zu verarbeiten und bietet dafür dem Biologen ein reiches Anschauungsmaterial über den Ablauf der Stammesgeschichte und die Entstehung der heutigen Verbreitung der Tier- und Pflanzenwelt. Dem Techniker gibt sie durch eine sorgfältige Gliederung der Erdschichten Hilfe beim Aufsuchen von Lagerstätten.

Literaturhinweise[1]

B r i n k m a n n , R.: Abriß der Geologie. Bd. 1 Allgemeine Geologie. 10. Aufl. Stuttgart 1967
—: Abriß der Geologie. Bd. 2 Historische Geologie. 9. Aufl. Stuttgart 1966
B ü l o w , K. v.: Geologie für Jedermann. 9. Aufl. Stuttgart 1968
C o l b e r t , E. H.: Evolution der Wirbeltiere. Stuttgart 1965
F r a n k e , H. W.: Methoden der Geochronologie. Berlin — Heidelberg — New York 1969. = Verständliche Wissenschaft Bd. 98
G e r m a n , R.: Studienbuch Geologie. Stuttgart 1970
G o t h a n , W.; W e y l a n d , H.: Lehrbuch der Paläobotanik. Berlin 1954
H ö l d e r , H.: Naturgeschichte des Lebens von seinen Anfängen bis zum Menschen. Berlin — Heidelberg — New York 1968. = Verständliche Wissenschaft Bd. 93
K r ä u s e l , R.: Versunkene Floren. Frankfurt/Main 1970
K r u m b i e g e l , G.: Die tertiäre Pflanzen- und Tierwelt der Braunkohle des Geiseltales. Die neue Brehm-Bücherei, Heft 237, Wittenberg 1959
L e h m a n n , U.: Paläontologisches Wörterbuch, Stuttgart 1964
M ä g d e f r a u , K.: Paläobiologie der Pflanzen. Stuttgart 1968
M u r a w s k i , H.: Geologisches Wörterbuch. 6. Aufl. Stuttgart 1972
M ü l l e r , A. H.: Großabläufe der Stammesgeschichte. Jena 1961
—: Lehrbuch der Paläozoologie, Bd. 1–3. 2. Aufl. Jena 1963–70
P f l u g , H. D.: Neue Zeugnisse vom Ursprung der höheren Tiere. Naturwissenschaften 58 (1971) 348
R a h m a n n , H.: Die Entstehung des Lebendigen. Stuttgart 1972
R i c h t e r , M.: Geologie. Braunschweig 1962
R u t t e n , M. D.: The Origin of Life by Natural Causes. Amsterdam 1971
S c h m i d t , K.: Erdgeschichte. Berlin 1972. = Slg. Göschen Bd. 5001
S c h w a r z b a c h , M.: Das Klima der Vorzeit. 2. Aufl. Stuttgart 1961
S c h w e g l e r , L.; S c h n e i d e r , P.; H e i s e l , M.: Geologie in Stichworten. 2. Aufl. Kiel 1969
S i m p s o n , G. G.: Leben der Vorzeit. Einführung in die Palaeontologie. Stuttgart 1972
T h e n i u s , E.: Versteinerte Urkunden. Berlin — Göttingen — Heidelberg 1963 = Verständliche Wissenschaft Bd. 81
—: Lebende Fossilien. Stuttgart 1965. = Kosmos Bibliothek 246
—: Paläontologie. Die Geschichte unserer Tier- und Pflanzenwelt. Stuttgart 1970
T h e n i u s , E.; H o f e r , H.: Stammesgeschichte der Säugetiere. Berlin — Göttingen — Heidelberg 1960

---

[1]) Es ist hier keine Originalliteratur angegeben, sondern nur Werke, die sich für den angesprochenen Personenkreis zum Weiterstudium oder zum Nachschlagen eignen.

Anhang. Erklärung einiger geologischer Fachausdrücke[1])

Abtragung Wegführung des durch Verwitterung zerstörten Gesteins, durch Wasser, Eis oder Wind.

Diagenese Umbildung von lockerem Sediment zum festen Gestein unter erdoberflächennahen Druck- und Temperaturbedingungen.

Endogene Dynamik Vorgänge der Erdkruste, die von innen (wahrscheinlich radioaktiver Zerfall) gesteuert werden (Magmenaufstieg, Vulkanismus, Tektonik, Metamorphose).

Epikontinentalmeer Teile des Kontinentalblocks, die zeitweilig unter dem Meeresspiegel liegen. Die darin abgelagerten Schichten erreichen meist nicht die Mächtigkeit der Geosynklinalsedimente und werden später nur wenig gefaltet, meist nur durch Verwerfungen in ihrer Lage verändert.

Exogene Dynamik Vorgänge auf der Erdkruste, die von außen (hauptsächlich Sonnenenergie) gesteuert werden (Verwitterung, Abtragung, Ablagerung).

Faltung meist bruchlose Verbiegung von Schichten; s. Tektonik.

Fossil geformter Rest oder Spur eines Lebewesens im Gestein.

Fazies Gesamtheit der Merkmale eines Gesteins unter Berücksichtigung der Ablagerungsbedingungen.

Geosynklinale großräumiger meist langgestreckter Teil der Erdkruste mit lang andauernder Absenkung, der große Sedimentmassen (mehrere 1000 m mächtig) aufnimmt. Daraus entstehen später durch starke seitliche Zusammenpressung die Faltengebirge.

Gestein aus einem oder mehreren Mineralien oder Gesteinsbruchstücken zusammengesetzter Bestandteil der Erdkruste.

Klastisch aus zerbrochenem Gesteinsmaterial entstanden.

Kontinentalverschiebung Vorstellung, daß die Kontinentalblöcke im tiefen Untergrund der Erdkruste „schwimmen" (ähnlich Eisschollen im Wasser) und durch Wärmeausgleichsströmungen in diesem Untergrund passiv in verschiedene Richtungen getrieben werden.

Lava Gesteinsschmelze, die an die Erdoberfläche (auch unter Wasser) austritt.

Magma Gesteinsschmelze im tieferen Teil der Erdkruste.

Metamorphose Umbildung von Gesteinen unter erhöhten Druck- und Temperaturbedingungen unter Bildung neuer Mineralien aus den vorhandenen Stoffen oder durch Zuführung neuer, meist aus magmatischen Vorgängen.

Mineral chemisch und physikalisch einheitlicher Naturkörper, meist in kristallisiertem Zustand.

---

[1]) Hier werden nur die im Buch vorkommenden geologischen Fachausdrücke kurz erläutert. Die paläontologischen Begriffe sind jedesmal im Text ausführlich erklärt und aus dem Sachwortverzeichnis leicht nachzuschlagen; deshalb wurde auch auf ihre Anfügung in diesem Anhang verzichtet. Weitere Stichworte s. Murawski „Geologisches Wörterbuch", Stuttgart 1972.

Mineralogie Lehre von den Mineralien.

Petrologie Gesteinskunde.

Schichtung Gliederung eines Gesteinspaketes durch Materialwechsel (Mineralgehalt, Korngröße, Farbe) bei der Ablagerung.

Sedimentation Ablagerung fester, suspendierter oder gelöster Stoffe; meist geschichtet, daher Schichtgestein.

Stratigraphie Beschreibung der Gesteinsschichten in ihrer altersmäßigen Abfolge; gegliedert nach Fossilien = Biostratigraphie, gegliedert nach Gesteinsmerkmalen = Lithostratigraphie.

Tektonik alle Bewegungen in der Erdkruste, die nicht durch magmatische, vulkanische oder exogene Vorgänge bestimmt sind. Dazu gehören Verbiegungen von Schichtpaketen vom Millimeterbereich bis zu Kilometer großen Falten und Zerbrechen und Verschieben von Erdkrustenteilen von kleinen Schichtverwerfungen bis zur Kontinentalverschiebung.

terrestrisch im Einflußbereich des Festlandes (Gegensatz: marin).

Tuff durch Gasexplosion bei vulkanischen Vorgängen durch die Luft geschleudertes und sedimentiertes Gesteinsmaterial.

Verwerfung horizontale und vertikale Verschiebung von Erdkrustenteilen (s. Tektonik).

Verwitterung Gesteinszerstörung durch Einwirkung der Atmosphärilien.

Vulkanismus Austreten von Gesteinsschmelze an die Erdoberfläche und durch plötzliche Druckentlastung hervorgerufene Explosionen, die zum Auswurf von Aschen und Tuffen führen.

Quellenverzeichnis

[1] B e t t e n s t a e d t , F.: Evolutionsvorgänge bei fossilen Foraminiferen. Mitteilung aus dem Geologischen Staatsinstitut Hamburg H. 31, S. 385–460. Hamburg 1962 (Fig. 124)
–. Fossile Zeugnisse der Artentstehung. Naturwissenschaft und Medizin 4, Nr. 19, S. 3–17. Boehringer Mannheim 1967 (Fig. 123)

[2] C o l b e r t , E. H.: Evolution der Wirbeltiere. Stuttgart 1965 (Fig. 52, 135, 136, 138, 145)

[3] M o o r e , R. C.: Treatise on Invertebrate Paleontology. Wiedergabe mit Erlaubnis der Geological Soc. of America und der University of Kansas (Fig. 17, 18, 21, 38, 45, 49, 96, 97, 98, 100, 101)

[4] M ü l l e r , A.H.: Großabläufe der Stammesgeschichte. Jena 1961 (Fig. 160, 161, 162)

[5] P f l u g , H. D.: Structurell organic remains. From the Fig. Tree Series of the Barveston Mountain Land. University of the Witwatersrand Johannesburg, Economic Geology Research Unit, Information Curcular No. 28, April 1966 (Fig. 9)

[6] R o m e r , A. S.: Vertebrate Paleontology. 3. Aufl. Chikago 1966 (Fig. 50, 51, 53, 56, 57, 61, 75, 77, 78, 79, 81, 87, 88, 89, 90, 91, 146)

[7] T h e n i u s , E.; H o f e r , H.: Stammesgeschichte der Säugetiere. Berlin – Göttingen – Heidelberg 1960 (Fig. 150, 151, 152, 153, 154, 158)

Sachverzeichnis

Auf geographische Namen wurde verzichtet mit Ausnahme einiger berühmter Fossilfundpunkte und spezieller paläogeographischer Begriffe.

Teubner Studienbücher

Jaeger/Wenke: **Lineare Wirtschaftsalgebra**
Band 1 XVI, 174 Seiten. DM 16,–
Band 2 IV, 160 Seiten. DM 16,–

Kandzia/Langmaack: **Informatik: Programmierung**
232 Seiten. DM 18,80

Kochendörffer: **Determinanten und Matrizen**
VI, 148 Seiten. DM 12,80
Vertrieb nur in der BRD und West-Berlin

Lautz: **Elektromagnetische Felder**
Ein einführendes Lehrbuch. 180 Seiten. DM 15,80

Leonhard: **Statistische Analyse linearer Regelsysteme**
268 Seiten. DM 18,80

Magnus: **Schwingungen**
Eine Einführung in die theoretische Behandlung von
Schwingungsproblemen. 2. Auflage. 251 Seiten. DM 18,80

Mayer-Kuckuk: **Physik der Atomkerne**
Eine Einführung. 288 Seiten. DM 19,80

Stiefel: **Einführung in die numerische Mathematik**
Eine Darstellung unter Betonung des algorithmischen
Standpunktes. 257 Seiten. DM 18,80

Stummel/Hainer: **Praktische Mathematik**
300 Seiten. DM 26,80

Walcher: **Praktikum der Physik**
2. Auflage. 366 Seiten. DM 22,–

Wirth: **Systematisches Programmieren**
Eine Einführung. 160 Seiten. DM 14,80